JIANZHU JIEGOU CAD
HUITU KUAISU RUMEN

建筑结构CAD绘图快速入门

第二版 ▶

The Second Edition

谭荣伟　等编著

化学工业出版社
· 北京 ·

《建筑结构CAD绘图快速入门》第二版以AutoCAD最新简体中文版本（AutoCAD 2017版本）作为设计软件平台，以建筑结构设计实际工程图形为案例，紧密结合建筑结构设计及施工管理工作的特点与要求，详细介绍AutoCAD在建筑结构设计及施工管理工作中的操作应用方法与绘图技巧，包括CAD基本使用功能与高级操作技巧以及各种图形的绘制与编辑修改方法。通过本书学习，可以快速掌握使用AutoCAD进行建筑结构设计总说明及目录、建筑基础结构图、建筑楼板和梁结构图、剪力墙和框架柱配筋图、钢结构等建筑结构施工图、结构轴测图等建筑结构施工图及其节点详图相关图纸的绘制。同时还详细讲述如何从CAD软件中将图形转换输出JPG/BMP格式图片或PDF格式文件的方法，如何将CAD绘制的图形快速应用到Word文档中。由于AutoCAD大部分基本绘图功能命令是基本一致或完全一样的，因此本书也适合AutoCAD 2017以前版本（如AutoCAD 2000～2016）或AutoCAD 2017以后更高版本（如AutoCAD 2018、AutoCAD 2019）的学习。此外，本书通过互联网提供书中各章讲解案例的CAD图形文件，可登录网址下载使用。

本书适合从事建筑结构工程、土木工程、岩土工程、水工结构工程、矿山工程、桥梁工程、建筑施工管理、土建概预算（土建工程合约造价）、建筑结构咨询管理等专业的设计师、工程师与相关管理技术人员参考学习；也可以作为建筑结构工程相关行业领域职业学校和高等院校师生的教学、自学CAD图书以及社会相关领域CAD培训教材。

图书在版编目（CIP）数据

建筑结构CAD绘图快速入门/谭荣伟等编著. —2版.
北京：化学工业出版社，2017.1（2019.6重印）
ISBN 978-7-122-28533-1

Ⅰ.①建…　Ⅱ.①谭…　Ⅲ.①建筑结构-计算机辅助
设计-AutoCAD软件　Ⅳ.①TU311.41

中国版本图书馆CIP数据核字（2016）第277052号

责任编辑：袁海燕　　　　　　　　　　　　　装帧设计：王晓宇
责任校对：王素芹

出版发行：化学工业出版社（北京市东城区青年湖南街13号　邮政编码100011）
印　　装：北京虎彩文化传播有限公司
787mm×1092mm　1/16　印张20　字数505千字　　2019年6月北京第2版第2次印刷

购书咨询：010-64518888　　　　　　　　　售后服务：010-64518899
网　　址：http://www.cip.com.cn
凡购买本书，如有缺损质量问题，本社销售中心负责调换。

定　　价：59.80元

前　言

《建筑结构 CAD 绘图快速入门》自出版以来，由于其切合建筑结构设计与施工管理实际应用情况，操作精要实用、针对性强、专业知识范围广泛、内容全面、资料丰富，深受广大读者欢迎和喜爱。

基于计算机信息技术的迅猛发展及"互联网＋"的不断创新，项目建设与建筑结构技术的不断发展，我国建设领域相关法规政策的完善和调整，加之 CAD 软件也不断更新换代，功能不断完善，原书中的部分内容也需要相应更新调整，以适应目前 CAD 软件新技术操作的实际情况和实际需要。为此本书作者根据最新的 CAD 软件版本及最新相关国家法规政策，对该书进行适当更新与调整，既保留了原书的切合实际、简洁实用、内容丰富等特点，又使得本书从内容上保持与时俱进，形式上图文并茂，使用上更加方便。主要修改及调整内容包括：

● 按照最新版本 AutoCAD 2017 软件进行相关操作功能及命令等内容进行调整及更新，使得本书对不同版本的 AutoCAD 软件具有更强的通用性和灵活的适用性，可作为各个版本的学习参考教材（如以后推出的 2018、2019 等版本，及早期的 2004、2012、2016 版本）。

● 增加了建筑结构轴测图 CAD 绘图的方法及案例讲解内容。

● 通过"互联网＋"分享功能，提供书中各章讲解案例的 CAD 图形文件，读者随时登录书中提供的网址下载分享使用，更加快捷便利。

本书以 AutoCAD 最新简体中文版本（AutoCAD 2017 版本）作为设计软件平台，以建筑结构设计实际工程图形为案例，紧密结合建筑结构设计及施工管理工作的特点与要求，详细介绍 AutoCAD 在建筑结构设计及施工管理工作中的操作应用方法与绘图技巧，包括 CAD 基本使用功能与高级操作技巧以及各种图形的绘制与编辑修改方法。通过本书学习，可以快速掌握使用 AutoCAD 进行建筑结构设计总说明及目录、建筑基础结构图、建筑楼板和梁结构图、剪力墙和框架柱配筋图、钢结构等建筑结构施工图、结构轴测图等建筑结构施工图及其节点详图相关图纸的绘制，包括建筑结构设计总说明及目录、钢筋及混凝土造型、砖混结构基础图及其详图、钢筋混凝土结构基础图及其详图、桩基结构施工图及其详图、砖混结构楼板及梁施工图、钢筋混凝土结构楼板及梁施工图、剪力墙和框架柱配筋图、钢柱结构施工图及其详图等图纸绘制。同时还详细讲述如何从 CAD 软件中将建筑结构设计图形转换输出 JPG/BMP 格式图片或 PDF 格式文件的方法，如何将 CAD 绘制的建筑结构设计图形快速应用到 Word 文档中，方便使用和浏览 CAD 图形。由于 AutoCAD 大部分基本绘图功能命令是基本一致或完全一样的，因此本书也适合 AutoCAD 2017 以前版本（如 AutoCAD 2000～2016）或 AutoCAD 2017 以后更高版本（如 AutoCAD 2018、AutoCAD 2019）的学习使用。此外，本书通过互联网提供书中各章讲解案例的 CAD 图形文件，可随时登录网址下载使用，方便读者对照学习。真正达到轻松入门，快速使用，全面提高的目的。

本书内容由作者精心策划和认真撰写，是作者多年实践经验的总结，注重理论与实践相结合、示例丰富、实用性强、叙述清晰、通俗易懂，保证本书使用和可操作性强，更为适合实际项目工程建筑结构设计及施工管理工作的使用需要。读者通过本书的学习，既能理解有关 AutoCAD 使用的基本概念，掌握 AutoCAD 进行建筑结构设计图形绘制的方法与技巧，又能融会贯通，举一反三，在实际建筑结构设计及施工管理工作中快速应用。因此，本书是一本总结经验、提高技巧的有益参考书。

　　本书适合从事建筑结构工程、土木工程、岩土工程、水工结构工程、矿山工程、桥梁工程、建筑施工管理、土建概预算（土建工程合约造价）、建筑结构咨询管理等专业的设计师、工程师与相关管理技术人员，学习 AutoCAD 进行建筑结构设计图形绘制的实用入门指导用书；也可以作为建筑结构工程相关行业领域职业学校和高等院校师生的教学、自学 CAD 图书以及社会相关领域 CAD 培训教材。

　　本书内容由谭荣伟负责策划和组织编写，黄冬梅、黄仕伟、雷隽卿、李淼、王军辉、许琢玉、卢晓华、苏月风、许鉴开、谭小金、李应霞、赖永桥、潘朝远、孙达信、黄艳丽、杨勇、余云飞、卢芸芸、黄贺林、许景婷、吴本升、黎育信、黄月月、韦燕姬、罗尚连等参加了相关章节编写。由于编著者水平有限，虽然经过再三勘误，仍难免有纰漏之处，欢迎广大读者予以指正。

编著者
2016 年夏

第一版前言

建筑结构（Architectural Structure）是指建筑物（包括构筑物），由建筑材料做成用于承受各种荷载或者作用，以起骨架作用的空间受力体系。建筑结构因所用的建筑材料和结构形式不同，可分为砌体结构、钢筋混凝土结构、钢结构（轻型钢结构）、木结构、网架结构、高耸结构和混合结构等。日常生活中比较常见的建筑结构形式是砌体结构、钢筋混凝土结构、钢结构和木结构等。

建筑结构在房屋建设中占比较重要的地位，也是与建筑设计密不可分的组成部分。建筑结构专业是建筑的骨架，为建筑设计方案实施、保证建筑空间安全等提供重要技术支持，其作用举足轻重。先了解一下建筑结构绘图的特点和要求，对学习使用 AutoCAD 进行建筑结构设计十分必要。

早期的建筑结构专业图纸主要是手工绘制，绘图的主要工具和仪器有绘图桌、图板、丁字尺、三角板、比例尺、分规、圆规、绘图笔、铅笔、曲线板和建筑模板等。手工绘制图纸老一辈设计师是比较熟悉的，年轻一代或许使用比较少。随着计算机及其软件技术的快速发展，在现在建筑结构工程设计中，建筑结构图纸的绘制都已经数字化，使用图板、绘图笔和丁字尺等工具手工绘制图纸极少。现在一般使用计算机进行图纸绘制，然后使用打印机或绘图仪输出图纸。

计算机硬件技术的飞速发展，使更多更好、功能强大全面的工程设计软件得到更为广泛的应用，其中 AutoCAD 无疑是比较成功的典范。AutoCAD 是美国 Autodesk（欧特克）公司的通用计算机辅助设计（CAD，即 Computer Aided Design 简称）软件，AutoCAD R1.0 是 AutoCAD 的第 1 个版本，于 1982 年 12 月发布。AutoCAD 至今已进行了十多次的更新换代，包括 DOS 版本 AutoCAD R12、Windows 版本 AutoCAD R14～2009、功能更为强大的 AutoCAD 2010～2013 版本等，在功能、操作性和稳定性等诸多方面都有了质的变化。凭借其方便快捷的操作方式、功能强大的编辑功能以及能适应各领域工程设计的多方面需求等特点，AutoCAD 已经成为当今工程领域进行二维平面图形绘制、三维立体图形建模的主流工具之一。

本书以 AutoCAD 最新简体中文版本（AutoCAD 2013 版本）作为设计软件平台，以实际建筑结构工程为案例，紧密结合建筑结构专业的特点与要求，详细介绍 AutoCAD 在建筑结构图纸绘制中的基本使用功能与高级操作技巧以及各种图形的绘制与编辑修改方法。通过本书学习，可以快速掌握 AutoCAD 进行建筑基础结构图、建筑楼板和梁结构图、剪力墙和框架柱配筋图、钢结构等建筑结构施工图等相关图纸的绘制。由于 AutoCAD 大部分绘图功能命令是基本一致或完全一样的，因此本书也适合 AutoCAD 各种版本学习参考。

全书在内容安排上不仅精要而详细地介绍了 AutoCAD 的各种功能和使用方法与技巧，而且全面又简明地阐述了建筑结构专业各种图纸的绘制过程和方法，真正做到轻松入门、快速使用、全面提高的目的。

该书由作者精心策划和认真撰写，是作者多年实践经验的总结，注重理论与实践相结合，示例丰富、实用性强、叙述清晰、通俗易懂，保证该书使用性和可操作性更强，更适合实际建筑结构工程设计。读者通过本书的学习，既能理解 AutoCAD 使用的基本概念，掌握 AutoCAD 进行建筑结构专业图纸绘制的方法与技巧，又能融会贯通，举一反三，在实际建筑结构工程设计中快速应用。因此，本书是一本总结经验、提高技巧的有益参考书。本书可作为土建专业（如建筑结构工程、土木工程、桥梁工程、建筑施工管理等）相关设计师、专业技术人员及施工人员，学习 AutoCAD 进行工程图纸绘制的实用入门指导用书，也可以作为初中级职业技术学校和高等院校师生的教学、自学图书以及相关领域的培训教材。

本书由谭荣伟、李淼负责组织编写，谭荣伟、李淼、雷隽卿、黄仕伟、王军辉、许琢玉、卢晓华、黄冬梅、苏月凤、许鉴开、谭小金、李应霞、赖永桥、潘朝远、孙达信、黄艳丽、杨勇、余云飞、卢芸芸、黄贺林、许景婷、吴本升、黎育信、黄月月、韦燕姬、罗尚连等参加了相关工作。由于编者水平有限，虽然经过再三勘误，仍难免有纰漏之处，欢迎广大读者予以指正。

编著者

2012 年 7 月

目 录
CONTENTS

第 1 章　建筑结构 CAD 绘图综述

第 2 章　建筑结构 CAD 绘图基本使用方法

第3章 建筑结构 CAD 基本图形绘制方法

第 4 章 建筑结构 CAD 图形修改和编辑基本方法

第5章 建筑结构设计总说明及目录 CAD 快速绘制

第6章 建筑结构材料图案 CAD 快速绘制

第7章 建筑基础结构图 CAD 快速绘制

第8章　建筑楼板及梁结构图 CAD 快速绘制

第9章　剪力墙和框架柱配筋图 CAD 快速绘制

第10章　建筑钢结构施工图 CAD 快速绘制

第11章　建筑结构轴测图 CAD 快速绘制基本方法

第12章 建筑结构 CAD 图打印及转换输出

第1章

建筑结构CAD绘图综述

本章结合建筑结构专业设计的特点和要求，讲解CAD在建筑结构设计及管理工作中的应用及其绘制方法的基础知识。在实际建筑结构设计实践中，该专业的设计师及技术管理人员学习掌握CAD绘图技能是十分必要的，因为CAD可以有力地促进建筑结构设计及施工管理工作，CAD在一定程度上可以提高工作效率，方便进行技术交底、工作交流及汇报等。CAD可以应用于建筑结构设计中的方案图、施工图、竣工图、大样图等多方面图纸及方案绘制工作。特别说明的是本书所使用的建筑结构软件CAD软件是最为常用的AutoCAD软件。也有一些结构计算分析及绘图专业软件，如PKPM、ANSYS等软件，本书不作讨论，可以参考相关文献。

1.1 建筑结构 CAD 绘图知识快速入门

建筑结构在房屋建设中占较大比重，也是与建筑设计密不可分的组成部分。建筑结构专业是建筑的骨架，为建筑设计方案实施、保证建筑空间安全等提供重要技术支持，其作用举足轻重。先了解一些建筑结构绘图的特点和要求，对学习使用AutoCAD进行建筑结构设计是十分必要的。

在建筑结构设计中，常常需要绘制各种图纸，例如建筑结构配筋图、基础平面图、结构节点详图等，这些都可以使用CAD轻松快速完成。特别说明一点，最为便利的还在于，建筑结构设计各种图形与表格使用CAD绘制完成后，还可以将所绘制图形从CAD软件中轻松转换输出JPG/BMP格式图片或PDF格式文件等，可以轻松应用到WORD文档中，方便使用和浏览。CAD图形具体转换方法在后面的章节中详细介绍。因此，从事建筑结构设计及管理工作的相关技术人员，学习CAD绘图很有用处。

1.1.1 关于建筑结构设计

建筑结构（Architectural Structure）是指在建筑物（包括构筑物）中，由建筑材料做成用来承受各种荷载或者作用，以起骨架作用的空间受力体系。建筑结构因所用的建筑材料和结构形式不同，可分为砌体结构、钢筋混凝土结构、钢结构（轻型钢结构）、木结构、网架结构、高耸结构和混合结构等。比较常见的是砌体结构、钢筋混凝土结构、钢结构和木结构等，如图1.1、图1.2所示。

建筑结构图纸的绘制，目的是正确、完整，又有表现力地表达出建筑结构设计构思和目的，使建设者和评审人员能够通过图纸、模型、说明等，全面地了解设计意图，从而顺利地进行相关建筑结构施工和建筑结构使用管理工作。在计算机普及以前，建筑结构设计人员基

图 1.1　常见钢筋混凝土结构及钢结构建筑

图 1.2　常见砌体结构和木结构建筑

本是使用墨水笔、丁字尺、硫酸纸等工具在图板上绘制，工作量较大。随着计算机信息技术的飞速发展，使用计算机和 CAD 软件进行图纸的绘制和计算，不仅效率极大提高，较大地减轻了设计人员的工作负荷，而且绘制易于修改、使用，图面整洁美观。因此，对于建筑结构的从业人员，掌握 CAD 进行图纸绘制的方法是十分必要的，可以说是建筑结构设计人员的一个基本必备技能和素质。

1.1.2　建筑结构绘图方式

　　早期的建筑结构专业图纸主要是手工绘制，绘图的主要工具和仪器有绘图桌、图板、丁字尺、三角板、比例尺、分规、圆规、绘图笔、铅笔、曲线板和建筑模板等。对于手工绘制图纸，老一辈设计师是比较熟悉的，年轻一代或许使用比较少，作为建筑结构设计师，了解一下建筑工程早期绘图方式，可以丰富建筑结构绘图知识，也会增加绘图的趣味性，如图 1.3 所示。

　　比纯手工绘图更进一步的绘图方式，是使用绘图机及其相应设备。绘图机是当时比较先进的手工绘图设备，其机头上装有一对互相垂直的直尺，可作 360°的转动，它能代替丁字尺、三角板、量角器等绘图工具的工作，画出水平线、垂直线和任意角度的倾斜线。绘图机可分为钢带式绘图机、导轨式绘图机，见图 1.4。

　　随着计算机及其软件技术快速发展，在现在建筑结构工程设计中，建筑结构图纸的绘制都已经计算机数字化，使用图板、绘图笔和丁字尺等工具手工绘制图纸很少。现在基本使用台式电脑或笔记本进行图纸绘制，然后使用打印机或绘图仪输出图纸，如图 1.5、图 1.6 所示。

(a) 手工绘图操作示意

(b) 早期手工绘图常用工具

图 1.3　手工绘图

(a) 钢带式　　　　　　　　　　　　(b) 导轨式

图 1.4　常见手工绘图机

(a) 台式电脑　　　　　　　　　　　(b) 笔记本电脑

图 1.5　计算机绘图

(a) 打印机

(b) 绘图仪

图 1.6 图纸输出设备

1.1.3 建筑结构制图标准基本要求

建筑结构施工图是将建筑结构构思变成现实的重要阶段，是建筑结构施工实施的主要依据。建筑结构施工图越详细越好，要准确无误。由于方案设计、初步设计等图纸绘制方法与施工图绘制原理是完全一样的，且施工图绘制的内容较为全面、详细，要求也较为综合，因此本书基本以建筑结构施工图为论述主基调逐步展开，掌握了建筑结构施工图 CAD 绘制，方案设计、初步设计等图纸的绘制方法，就不在话下，自然而然就会了。

结构平面图应按图的规定采用正投影法绘制，特殊情况下也可采用仰视投影绘制，如图 1.7 所示。在结构平面图中的索引位置处，粗实线表示剖切位置，引出线所在一侧应为投射方向。图样的图名和标题栏内的图名应能准确表达图样、图纸构成的内容，做到简练、明确。图纸上所有的文字、数字和符号等，应字体端正、排列整齐、清楚正确，避免重叠。图样及说明中的汉字宜采用长仿宋体，图样下的文字高度不宜小于 5mm，说明中的文字高度不宜小于 3mm。拉丁字母、阿拉伯数字、罗马数字的高度，不应小于 2.5mm。

用正投影法绘制预制楼板结构平面图　　　　节点详图

图 1.7 正投影法绘制

常见混凝土结构绘图中，钢筋在平面图中的配置应按图所示的方法表示。当钢筋标注的位置不够时，可采用引出线标注。引出线标注钢筋的斜短划线应为中实线或细实线。当构件布置较简单时，结构平面布置图可与板配筋平面图合并绘制。钢筋在梁纵、横断面图中的配置，应按图 1.8 所示的方法表示。

钢筋在楼板配筋图中的表示方法 　　　　　　　　　　　梁纵、横断面图中钢筋表示方法

图 1.8　钢筋绘制方法

常见混凝土结构绘图中，构件配筋图中箍筋的长度尺寸，应指箍筋的里皮尺寸；弯起钢筋的高度尺寸应指钢筋的外皮尺寸，如图 1.9 所示。

(a) 箍筋尺寸标注图　　(b) 弯起钢筋尺寸标注图　　　(c) 环形钢筋尺寸标注图　　　(d) 螺旋钢筋尺寸标注图

图 1.9　箍筋尺寸表示法

1.1.4　建筑结构 CAD 绘图图幅、线型和字体

1.1.4.1　建筑结构 CAD 绘图常见图幅大小

建筑结构工程图纸的图纸幅面和图框尺寸，即图纸图面的大小，按《CAD 工程制图规则》GB/T 18229、《房屋建筑结构 CAD 制图统一规则》GB/T 18112 等国家相关规范规定，分为 A4、A3、A2、A1 和 A0，具体大小详见表 1.1 和图 1.10 所示，图幅还可以在长边方向进行加长一定的尺寸，参见建筑工程和建筑结构制图相关规范，在此从略。使用 CAD 进行绘制时，也完全按照前述图幅进行。图框详细 CAD 绘制方法在后面章节进行论述。

图纸以短边作为垂直边称为横式，以短边作为水平边称为立式。一般 A0～A3 图纸宜横式使用；必要时，也可立式使用。此外，CAD 还有一个更为灵活的地方，CAD 可以输出任意规格大小的图纸，但这种情况一般在作为草稿、临时使用，不宜作为正式施工图纸。在建筑结构实际工程施工实践中，A3、A2 图幅大小的图纸使用最方便，比较受施工相关人员欢迎。

表 1.1　图纸幅面和图框尺寸　　　　　　　　　　　　　　　　　　　　　mm

尺寸代号 \ 幅面代号	A4	A3	A2	A1	A0
$b \times l$	210×297	297×420	420×594	594×841	841×1189
c	5	5	10	10	10
a	25	25	25	25	25

(a) 常用图纸幅面和图框样式

(b) 建筑结构图纸布局实例

图 1.10 建筑结构图纸图幅示意

1.1.4.2 建筑结构 CAD 图形常见型

按照《CAD 工程制图规则》GB/T 18229、《房屋建筑 CAD 制图统一规则》GB/T 18112 等国家建筑结构工程制图行业标准及规范的相关规定，建筑结构工程制图图线宽度分为粗线、中线、细线，从 $b = 0.18$mm、0.25mm、0.35mm、0.50mm、0.70mm、1.0mm、1.4mm、2.0mm 线宽系列中根据需要选取使用；该线宽系列的公比为 $1:\sqrt{2} \approx 1:1.4$，粗线、中粗线和细线的宽度比率为 4∶2∶1，在同一图样中同类图线的宽度一致，如表 1.2 所列，线型则有实线、虚线、点划线、折断线和波浪线等类型，如图 1.11 所示。

建筑结构 CAD 绘图即是按照上述线条宽度和线型进行的，实际绘图时根据图幅大小和出图比例进行调整宽度大小，具体绘制方法在后面章节详细论述，其中细线实际在 CAD 绘制中是按默认宽度为 0 进行绘制。

表 1.2　常用线组宽要求　　　　　　　　　　　　　　　mm

线宽比	线宽组					
b	2.0	1.4	1.0	0.7	0.5	0.35
$0.5b$	1.0	0.7	0.5	0.35	0.25	0.18
$0.25b$	0.5	0.35	0.25	0.18	—	

注：1. 需要微缩的图纸，不宜采用 0.18mm 及更细的线宽；
2. 同一张图纸内，各不同线宽中的细线，可统一采用较细的线宽组的细线。

图 1.11　常用建筑结构 CAD 制图图线

一般情况下，图线不得与文字、数字或符号重叠、混淆，不可避免时，应首先保证文字等的清晰。虚线与虚线交接或虚线与其他图线交接时，应是线段交接。虚线为实线的延长线时，不得与实线连接。同一张图纸内，相同比例的各图样，应选用相同的线宽组。

1.1.4.3　建筑结构 CAD 图形常见字体和字号

按照《CAD 工程制图规则》GB/T 18229、《房屋建筑 CAD 制图统一规则》GB/T 18112 等国家建筑结构工程和建筑结构工程制图规范的相关规定，CAD 建筑结构工程制图图样中汉字、字符和数字应做到排列整齐、清楚正确，尺寸大小协调一致。汉字、字符和数字并列书写时，汉字字高略高于字符和数字字高。图上的文字应使用中文标准简化汉字。涉外的规划项目，可在中文下方加注外文；数字应使用阿拉伯数字，计量单位应使用国家法定计量单位；代码应使用规定的英文字母、年份应用公元年表示。

文字高度应按表 1.3 中所列数字选用。如需书写更大的字，其高度应按 $\sqrt{2}$ 的比值递增。汉字的高度应不小于 2.5mm，字母与数字的高度应不小于 1.8mm。汉字的最小行距不小于 2mm，字符与数字的最小行距应不小于 1mm；当汉字与字符、数字混合使用时，最小行距等应根据汉字的规定使用。如图 1.12 所示。图及说明中的汉字应采用长仿宋体，其宽度与高度的关系一般应符合表 1.4 的规定。大标题、图册、封面、目录、图名标题栏中设计单位名称、工程名称、地形图等的汉字可选用楷体、黑体等其他字体。

表 1.3　规划设计文字高度　　　　　　　　　　　　　　单位：mm

用于蓝图、缩图、底图	3.5、5.0、7.0、10、14、20、25、30、35
用于彩色挂图	7.0、10、14、20、25、30、35、40、45

注：经缩小或放大的图，文字高度随原图纸缩小或放大，以字迹容易辨认为标准。

分数、百分数和比例数的注写，应采用阿拉伯数字和数学符号，例如：四分之三、百分之二十五和一比二十应分别写成 3/4、25% 和 1：20。当注写的数字小于 1 时，必须写出个位的"0"，小数点应采用圆点，齐基准线书写，例如 0.01。

在实际绘图操作中，图纸上所需书写的文字、数字或符号等，均应笔画清晰、字体端

图 1.12 建筑结构 CAD 制图字体间距

正、排列整齐；标点符号应清楚正确。一般常用的字体有宋体、仿宋体、新宋体、黑体等，根据计算机 Windows 操作系统中字体选择，建议选择常用的字体，以便于 CAD 图形电子文件的交流阅读。字号也即字体高度的选择，根据图形比例和字体选择进行确定选用，一般与图幅大小相匹配，便于阅读，同时保持图形与字体协调一致，主次分明。

表 1.4 长仿宋体宽度与高度关系 单位：mm

字高	20	14	10	7	5	3.5
字宽	14	10	7	5	3.5	2.5

1.1.5 建筑结构 CAD 图形尺寸标注基本要求

按照《CAD 工程制图规则》GB/T 18229、《房屋建筑 CAD 制图统一规则》GB/T 18112 等国家建筑结构工程制图规范的相关规定，图样上的尺寸，包括尺寸界线、尺寸线、尺寸起止符号和尺寸数字，如图 1.13 所示。

图样上的尺寸单位，除标高及总平面以米（m）为单位外，其他必须以毫米（mm）为单位。尺寸数字一般应依据其方向注写在靠近尺寸线的上方中部。如没有足够的注写位置，最外边的尺寸数字可注写在尺寸界线的外侧，中间相邻的尺寸数字可错开注写。如图 1.14 所示。

图 1.13 尺寸标注组成名称　　　　　图 1.14 尺寸数值注写位置

CAD 建筑结构制图中，尺寸标注起止符号所用到的短斜线、箭头和圆点符号的数值大小，分别宜为 $e=2.0$mm、$a=5b$、$r=2\sqrt{2}b$（b 为图线宽度，具体数值参见前面小节相关论述），如图 1.15 所示，其中短斜线应采用中粗线。标注文本与尺寸经距离 h_0 不应小于 1.0mm，如图 1.16 所示。

(a) 短斜线大小要求　　　(b) 箭头大小要求　　　(c) 圆点大小要求

图 1.15 尺寸标注起止符号要求

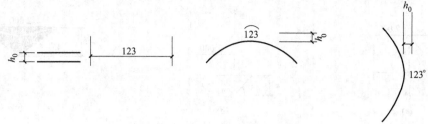

图 1.16　标注文本的标注位置要求

　　用于标注尺寸的图线，除特别说明的外，应以细线绘制。尺寸界线一端距图样轮廓线 X_0 不应小于 2.0mm。另一端 X_e 宜为 3.0mm，平行排列的尺寸线的间距 L_i 宜为 7.0mm。如图 1.17 所示。

　　角度的尺寸线应以圆弧表示。该圆弧的圆心应是该角的顶点，角的两条边为尺寸界线。起止符号应以箭头表示，如没有足够位置画箭头，可用圆点代替，角度数字应按水平方向注写。标注圆弧的弧长时，尺寸线应以与该圆弧同心的圆弧线表示，尺寸界线应垂直于该圆弧的弦，起止符号用箭头表示，弧长数字上方应加注圆弧符号"⌒"。如图 1.18 所示。

图 1.17　尺寸界线要求

(a) 角度标注方法　　(b) 弧长标注方法
图 1.18　角度和圆弧标注方法

　　坡度符号常用箭头加百分比或数值比表示，也可用直角三角形表示坡度符号，如图 1.19 所示。

图 1.19　坡度标注符号

　　标高标注应包括标高符号和标注文本，标高数字应以米为单位，注写到小数点以后第三位。在总平面图中，可注写到小数点以后第二位。零点标高应注写成"±0.000"，正数标高不注"+"，负数标高应注"－"，例如"3.000"、"－0.600"。

　　标高符号应以直角等腰三角形表示，按图 1.20 (a) 所示形式用细实线绘制，如标注位置不够，也可按图 1.20 (b) 所示形式绘制。水平段线 L 根据需要取适当长度，高 h 取约 3.0mm。总平面图室外地坪标高符号，宜用涂黑的三角形表示，如图 1.20 (c) 所示。标高符号的尖端应指至被注高度的位置。尖端一般应向下，也可向上。标高数字应注写在标高符号的左侧或右侧，在图样的同一位置需表示几个不同标高时，标高数字可按并列一起形式注

图1.20 标高标注符号和方法

写，如图1.20（d）所示。

半径的尺寸线应一端从圆心开始，另一端画箭头指向圆弧。半径数字前应加注半径符号"R"。较小圆弧、较大圆弧的半径可按图形式标注，如图1.21所示。标注圆的直径尺寸时，直径数字前应加直径符号"Φ"或"ϕ"。在圆内标注的尺寸线应通过圆心，两端画箭头指至圆弧。较小圆的直径尺寸，可标注在圆外。如图1.22所示。

小圆弧半径的标注方法

圆直径的标注方法

大圆弧半径的标注方法

小圆直径的标注方法

图1.21 圆弧的半径标注

图1.22 圆的直径标注

定位轴线一般应编号，编号应注写在轴线端部的圆内。圆应用细实线绘制，直径 D 为8～10mm。定位轴线圆的圆心，应在定位轴线的延长线上或延长线的折线上。定位轴线应用细点画线绘制。如图1.23所示。

图1.23 定位轴线及编号标注

1.1.6 建筑结构CAD图形比例和常用符号

按照《CAD工程制图规则》GB/T 18229、《房屋建筑结构CAD制图统一规则》等国家建筑结构工程和建筑结构制图规范的相关规定，一般情况下，一个图样应选用一种比例。根据制图需要，同一图样也可选用两种比例。当构件的纵、横向断面尺寸相差悬殊时，可在同一详图中的纵、横向选用不同的比例绘制。轴线尺寸与构件尺寸也可选用不同的比例绘制。

图样的比例，应为图形与实物相对应的线性尺寸之比。比例的大小，是指其比值的大小，如 1∶50 大于 1∶100。比例的符号为"∶"，比例应以阿拉伯数字表示，如 1∶1、1∶2、1∶100 等。比例宜注写在图名的右侧，字的基准线应取平；比例的字高宜比图名的字高小一号或二号。

一般情况下，建筑结构平面图、立面图、剖面图等常用比例为 1∶100、1∶50，而节点构造做法等详图常用比例为 1∶1，1∶5，1∶10 等。如图 1.24 所示为不同比例建筑结构施工图。

图 1.24　不同比例建筑结构施工图

1.2　建筑结构 CAD 绘图计算机硬件和软件配置

建筑结构设计 CAD 绘图，需要有相关的电脑设施（即硬件配置要求），并安装相应的操作系统与 CAD 绘图软件（即软件配置要求），二者都是建筑结构设计 CAD 绘图的工具，缺一不可。

1.2.1　建筑结构 CAD 绘图相关计算机设备

由于计算机软件功能越来越多，程序也越来越复杂，对计算机性能要求也就越来越高。为了实现软件运行快速流畅，需要完成的第一项任务是确保计算机满足 CAD 绘图软件运行所需要的最低系统配置要求；如果计算机系统不满足这些要求，则在 AutoCAD 使用中可能会出现一些问题，例如出现无法安装或使用起来十分缓慢费时，甚至经常死机等现象。

若需安装 AutoCAD 2010 以上版本，建议最好采用如表 1.5 配置的计算机，以便获得更为快速的绘图操作效果。当然，若达不到以下计算机配置要求，其实也可以安装使用，只是运行速度可能较慢，操作需要一点耐心就行。从 AutoCAD 2010 以后的版本，一般分为 32 位（32bit）和 64 位（64bit）版本两种类型。一般而言，目前的个人计算机都可以满足安装和使用要求。安装过程中会自动检测 Windows 操作系统是 32 位（32bit）还是 64 位版本（64bit）。然后安装适当版本的 AutoCAD。不能在 32 位系统上安装 64 位版本的 AutoCAD，反之亦然。

其他相关硬件设施的配置，根据各自情况确定，如打印机、扫描仪、数码相机、刻录机等备选设备。

表 1.5 32 位计算机硬件和软件要求配置（可以运行最新版本）

硬件类型	计算机相关配置参考要求
CPU 类型	Windows XP-Intel® Pentium® 4 或 AMD Athlon™ Dual Core,1.6GHz 或更高 Windows 7-Windows 10 -Intel Pentium 4 或 AMD Athlon Dual Core,3.0GHz 或更高的英特尔 (Intel)酷睿四核处理器
内存(RAM)	2GB RAM 或更高
显示分辨率	1024×768 真彩色或更高
硬盘	500GB 或更多(安装 AutoCAD 2017 最新版本软件所需的空间约 5.5GB)
定点设备	MS-Mouse 兼容鼠标
浏览器	Internet Explorer® 7.0 或更高版本
三维建模 其他要求 (备选)	Intel Pentium 4 或 AMD Athlon 处理器,3.0GHz 或更高;或者 Intel 酷睿处理器或 AMD Dual Core 处理器,2.0GHz 或更高 2GB RAM 或更大 500GB 可用硬盘空间(不包括安装) 1280×1024 32 位彩色视频显示适配器(真彩色),具有 1GB 或更大显存、采用 Pixel Shader 3.0 或更高版本、且支持 Direct3D® 的工作站级图形卡

1.2.2 建筑结构 CAD 绘图相关软件

（1）推荐 CAD 绘图软件

AutoCAD 最新版本是 AutoCAD 2017，现在几乎是每年更新一个版本，目前版本是按年号序号标识，如 AutoCAD2004、2012、2014、2017 等，如图 1.25 所示 AutoCAD 不同版本。

(a) AutoCAD 2004 版本   (b) AutoCAD 2015 版本

图 1.25 AutoCAD 不同版本

（2）推荐计算机操作系统

建议采用以下操作系统的 Service Pack （SP3、SP2、SP1）或更高版本：Microsoft® Windows® XP、Windows Vista®、Windows 7、Windows 8、Window10 等。

AutoCAD 的版本越高，对操作系统和计算机的硬件配置要求也越高。采用高版本操作系统，不仅其操作使用简捷明了，而且运行 AutoCAD 速度也会相对加快，操作起来更为流畅。建议采用较高版本的 AutoCAD 与 Windows 操作系统，二者位数版本要一致。

安装了 AutoCAD 以后，单击其快捷图标将进入 AutoCAD 绘图环境。其提供的操作界面非常友好，与 Windows XP、Windows Vista、Windows 7、Windows 8 风格一致，功能也更强大。

1.3　AutoCAD 软件安装方法简述

1.3.1　AutoCAD 软件简介

AutoCAD，即 Auto Computer Aided Design 英语第一个字母的简称，是美国 Autodesk（欧特克）有限公司的通用计算机辅助设计软件。其在建筑结构、土木、建筑结构、化工、电子、航天、船舶、轻工业、化工、石油和地质等诸多工程领域已得到广泛的应用。AutoCAD 是一个施工一体化、功能丰富、而且面向未来的世界领先设计软件，为全球工程领域的专业设计师们创立更加高效和富有灵活性以及互联性的新一代设计标准，标志着工程设计师们共享设计信息资源的传统方式有了重大突破，AutoCAD 已完成向互联网应用体系的全面升级，也极大地提高了工程设计效率与设计水平。

AutoCAD 的第 1 个版本——AutoCAD R1.0 版本是 1982 年 12 月发布的，至今已进行了多次更新换代，到现在最新版本 AutoCAD 2017 等版本，其版本是按年编号，几乎每年推出新版本，版本更新发展迅速。其中比较经典的几个版本应算 AutoCAD R12、AutoCAD R14、AutoCAD 2000、AutoCAD 2004、AutoCAD 2010，AutoCAD 2012，这几个经典版本每次功能都有较为显著质的变化，可以看作是不同阶段的里程碑，如图 1.26 所示。若要随时获得有关 Autodesk 公司及其软件产品的具体信息，可以访问其英文网站（http：//http：/www.autodesk.com）或访问其中文网站（http：//www.autodesk.com.cn）。AutoCAD 一直秉承持续改进，不断创新，从二维绘图、工作效率、可用性、自动化、三维设计、三维模型出图等各方面推陈出新，不断进步，已经从当初的简单绘图平台发展成综合的设计平台。

(a) R14 版本

(b) 2010 版本

图 1.26　AutoCAD 经典版本

2013 年发布的 AutoCAD 2014 版本 ［图 1.27（a）］，具有强大的关联设计工具，具备创建逼真的三维设计、加速文档编制、通过云进行连接，从而实现设计协作以及从移动设备访问它们。通过实时地图和强大的全新实景捕捉功能，AutoCAD 可将您的设计理念与周围世界紧密连接在一起。2015 年发布了 AutoCAD 2016 版本，AutoCAD 2016 新功能包括更

13

全面的画布、更丰富的设计关联环境、更加智能的工具（例如智能标注、协调模型和增强的PDF）、绝佳的视觉体验、协调模型及防止对系统设置进行不必要的更改等。2016 年发布了目前的最新版本 AutoCAD 2017［图 1.27（b）］。

(a) 2014 版本

(b) 2017 版本

图 1.27　AutoCAD 最新版本

1.3.2　AutoCAD 快速安装方法

本节结合最新版本 AutoCAD 2017 介绍其快速安装方法（其他版本如 AutoCAD 2010～AutoCAD 2016 等版本的安装方法与此类似，参考 AutoCAD 2017 安装过程即可）。AutoCAD 2017 软件光盘插入到计算机的光驱驱动器中或使用 U 盘插入电脑进行安装，打开 AutoCAD _ 2017 _ Simplified _ Chinese _ Win _ 64bit _ dlm 文件夹，双击其中的安装图标文件"setup. exe"或"install. exe"即开始进行安装。AutoCAD 2017 典型安装需要至少约5.5G 硬盘空间，软件较大。若 WIN 系统提示"你要允许以下程序对此计算机进行更改吗?"单击"是（Y）"。将出现安装初始化提示，然后即将进入安装操作界面，如图 1.28所示。

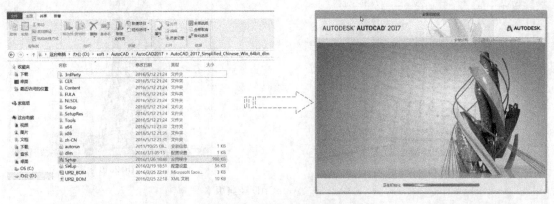

图 1.28　安装初始化后提示

（1）单击"安装（在此计算机上安装）"。然后选择计算机所在国家/地区，选择接受许可协议中"我接受（A）"，单击"下一步"。用户必须接受协议才能继续安装。注意如果不同意许可协议的条款并希望终止安装，请单击"取消"。如图 1.29 所示。

图 1.29　安装过程选择

（2）在弹出"配置安装"界面上，勾取要安装的产品内容，包括 Autodesk AutoCAD 2017、ReCap360 等，可以按默认。选择语言或接受默认语言为中文，选择设置安装路径，若不修改，按系统默认典型安装，一般安装在系统目录"C：\ Program \ Autodesk \ "。若修改，单击"配置"更改相应配置（例如，安装类型、安装可选工具或更改安装路径），然后按提示单击"配置完成"返回安装操作界面。然后单击"安装"开始安装 AutoCAD（在 AutoCAD 安装中，Windows 会要求计算机安装 ". NET Framework4.6"，选择要安装更新该产品）。如图 1.30 所示。

图 1.30　安装提示

（3）安装进行中，系统自动安装所需要的文件（产品），时间可能稍长，安装速度与计算机硬件配置水平有关系。如图 1.31 所示。

图 1.31　安装进行中

(4) 安装完成,提示"您已成功安装选定产品,请查看任何产品信息警告"。单击"完成"屏幕将弹出提示"必须重新启动系统,以便配置修改生效"。可以单击"Y"或"N"。如图 1.32 所示。

图 1.32　安装完成

(5) 双击 AutoCAD 2017 图标,启动 AutoCAD 2017,若安装有早期版本 autocad,系统将弹出"移植自定义设置"及"AutoCAD-DWG 关联"。按需要勾取或全部不选择均可,最后点击"确定✓"。此项属于 AutoCAD2017 新功能特性。如图 1.33 所示。

图 1.33　关联提示

(6) 接着 AutoCAD 2017 将弹出产品许可类型选择页面。一般选择"输入序列号"。在隐私声明页面点击"我同意"后弹出"产品许可激活"中点击"激活",需购买并输入激活码后,就完成安装,可以使用。否则是试用版本,有 30 天时间限制(30 day trial)。如图 1.34 所示。

图 1.34　安装激活提示

（7）在 AUTODESK 许可页面中输入序列号及密钥，单击"下一步"。再选择"我具有 AUTODESK 提供的激活码"输入激活码将进行软件产品激活。单击"下一步"将提示激活成功。单击"完成"，AutoCAD 软件完成安装，可以使用该软件进行绘图操作。如图 1.35 所示。

图 1.35　进行激活产品成功

（8）可以通过下列方式启动 AutoCAD 2017，如图 1.36 所示。

(a) AutoCAD 启动图标

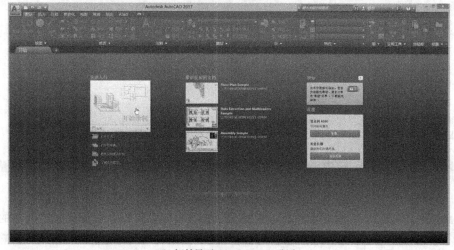

(b) 初始界面(AutoCAD 2017版本)

图 1.36　启动和使用 AutoCAD

① 单击 AutoCAD 桌面快捷方式图标"AutoCAD 2017-简体中文（Simplified Chinese）"。安装 AutoCAD 时，将在桌面上自动创建一个 AutoCAD 快捷方式图标（除非用户在安装过程中清除了该选项）。双击 AutoCAD 图标可启动该程序。

② 单击开始程序中或应用中的"AutoCAD 2017-简体中文（Simplified Chinese）"。

③ AutoCAD 的安装位置文件夹内，单击"acad"图标。

1.4　最新版本 AutoCAD 2017 使用简介

AutoCAD 版本是按年编号的，Autodesk 公司几乎每年都推出新版本，版本更新发展迅速频繁，目前最新版本 AutoCAD 2017 等版本（其实为 R21.0 版本），该版本于 2016 年 3 月推出。AutoCAD 2017 版本支持 Win 7 以上版本操作系统，也即不再支持 Win XP 系统。本节将对 AutoCAD 2017 版本与 AutoCAD 2016 及更早版本不同之处进行简要介绍。AutoCAD 2017 其他使用及操作方法与早期版本基本是一致的，无本质区别，在操作中参考早期版本的操作使用即可。

1.4.1　AutoCAD 2017 操作界面简介

单击 AutoCAD 2017 桌面快捷方式图标"AutoCAD 2017-简体中文（Simplified Chinese）"启动 AutoCAD 2017 软件，弹出初始界面 [见图 1.36（b）] 后，单击中间区域左上的"开始绘制"图框，初始化后即可进入 CAD 绘图操作界面，见图 1.37。注意操作界面默认的颜色为黑色，为便于阅读，已将操作界面的颜色修改为白色，其颜色修改方法参考第 2 章 2.1 节相关内容。

图 1.37　AutoCAD2017 绘图界面

对 AutoCAD 2017 版本操作界面，切换为 AutoCAD 经典的方法是单击左上角的"草图与注释/工作空间"右侧三角下拉按钮，选择"显示菜单栏/隐藏菜单栏"即可得到熟悉的传统操作界面——AutoCAD 经典。其他功能面板的显示控制，可以在区域任意位置单击右键，选择勾取进行关闭或打开显示，即可得到类似"AutoCAD 经典"模式操作界面。

单击 AutoCAD 2017 左上角的 A 图标，为 AutoCAD2017 图形文件基本操作菜单，包括打开文件、保存文件、输入输出文件、发布打印文件等功能命令以及最近使用图形文件历史记录。A 图标右侧为自定义快速访问工具栏，与前述文件菜单功能基本一致。见图 1.38。

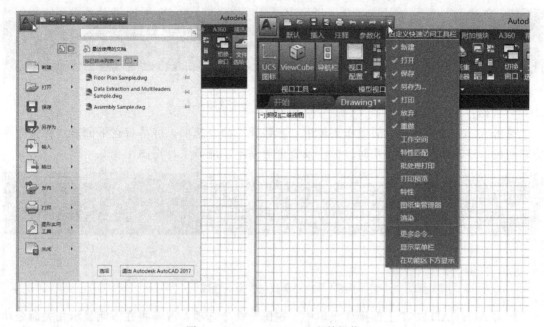

图 1.38　AutoCAD 2017 文件操作

单击 AutoCAD 2017 上部操作菜单中"默认"命令选项，屏幕将在下侧显示相关命令功能面板。该菜单选项包括绘图、修改、注释、图层、图块、特性、组、实用工具、剪贴板、视图等基本功能命令栏（各个命令栏的大部分功能命令操作与早期版本一致，可参考后面章节内容，后同此）。见图 1.39。

图 1.39　"默认"命令选项

单击 AutoCAD 2017 上部操作菜单中"插入"命令选项，屏幕将在下侧显示相关命令功能面板。该菜单选项包括块、块定义、参照、点云、输入、数据、链接和提取、位置及内容等基本功能命令，部分功能为新增功能，如输入 PDF；部分功能为互联网分享功能，如位置等。见图 1.40。

图 1.40　"插入"命令选项

单击 AutoCAD 2017 上部操作菜单中"注释"命令选项，屏幕将在下侧显示相关命令功能面板。该菜单选项包括文字、标注、中心线、引线、表格、标记及注释缩放等基本功能命令。见图 1.41。

图 1.41　"注释"命令选项

单击 AutoCAD 2017 上部操作菜单中"参数化"命令选项，屏幕将在下侧显示相关命令功能面板。该菜单选项包括几何、标注及管理等基本功能命令。见图 1.42。

图 1.42　"参数化"命令选项

单击 AutoCAD 2017 上部操作菜单中"视图"命令选项，屏幕将在下侧显示相关命令功能面板。该菜单选项包括视口工具、模型视口、选项板、界面等基本功能命令。见图 1.43。

图 1.43　"视图"命令选项

单击 AutoCAD 2017 上部操作菜单中"管理"命令选项，屏幕将在下侧显示相关命令功能面板。该菜单选项包括动作录制器、自定义设置、应用程序及 CAD 标准等基本功能命令。动作录制器为新增功能，可以对图形绘制过程进行录制为动画播放，适合用于互联网沟通分享。注意其录制文件为宏文件 ∗.actm 格式。见图 1.44。

图 1.44　"管理"命令选项

分别单击 AutoCAD 2017 上部操作菜单中"附加模块"、"A360"、"精选应用"、"BIM360"、"Performance"等命令选项，屏幕将在下侧显示相关命令功能面板。这些菜单对应的基本功能命令，在一般的绘图中不常用，其重点在于加强互联网的分享功能，在此不做进一步讲述。见图 1.45。

图 1.45　"附加模块"等命令选项

1.4.2　AutoCAD 2017 新特性及新功能

AutoCAD 2017 的新特性、新功能主要包括如下内容。

（1）智能中心线和中心标记。

创建和编辑中心线与中心标记十分简单。移动关联对象时，中心线和中心标记会自动与对象一起移动。见图 1.46。智能中心线和中心标记具体操作方法案例讲解如下所述。

图 1.46　智能中心线和中心标记

① 创建圆心标记。单击菜单栏中的"注释"命令选项，在"中心线"选项栏中选择"圆心标记"或在命令栏中直接输入命令"CENTERMARK"或"CM"（注：命令字母不区分大小写）。移动圆形或圆弧图形时，圆心标记同步移动。见图 1.47。

命令：CENTERMARK

选择要添加圆心标记的圆或圆弧：

选择要添加圆心标记的圆或圆弧：

② 创建中心线。单击菜单栏中的"注释"命令选项，在"中心线"选项栏中选择"中

(a) 圆形标记　　　　　　　　　　　　(b) 同步移动

图 1.47　创建圆形标记

心线"或在命令栏中直接输入命令"CENTERLINE"或"CL"（注：命令字母不区分大小写）。移动圆形或圆弧图形时，中心线同步移动。此功能可以进行快速角度等分。见图 1.48。

命令：CENTERLINE

选择第一条直线：

选择第二条直线：

(a) 圆形标记　　　　　　　　　　　　(b) 同步移动

图 1.48　创建中心线

（2）导入 PDF

PDF 已添加到"导入文件"格式中。将几何图形、TrueType 文字和光栅图像作为 AutoCAD 对象从 PDF 文件或参考底图导入图形。见图 1.49。输入 PDF 图形文件具体操作方法案例讲解如下所述。

单击菜单栏中的"插入"命令选项，在"输入"选项栏中选择"PDF 输入"或在命令栏中直接输入命令"PDFIMPORT"（注：命令字母不区分大小写）。回车后在弹出的对话框中选择要插入的 PDF 文件，然后在屏幕中单击指定插入位置等。使用此功能，可以将 PDF 图形自动转换为 CAD 图线，快速得到 DWG 图形。见图 1.50。

命令：PDFIMPORT

选择 PDF 参考底图或 ［文件（F）］ ＜文件＞：（回车 Enter 选择 PDF 文件）

指定插入点 ＜0，0＞：正在输入 PDF 文件的第 1 页：D：＼新书 2015＼Book＼office-ok-Mode2l.PDF…

图 1.49　导入 PDF

(a) 选择 PDF 文件

(b) 设置文件参数

(c) 点击确定插入位置

图 1.50　输入 PDF 图形文件

(3) 增强的协调模型

直接在 AutoCAD 中附加和查看 Navisworks 和 BIM360 Glue(英文)模型。新增的功能可让您使用标准二维端点和中心对象捕捉,完成对附着协调模型的精确位置捕捉。见图 1.51。

图 1.51　协调模型

(4) AutoCAD 360 Pro 移动应用程序

AutoCAD 360 Pro 现在随附于固定期限的使用许可中。此应用程序可让您随时随地充分利用 AutoCAD 的强大功能。在各个移动设备之间绘制、编辑和查看二维 CAD 图形,在现场更准确地测量图形,从各类云存储服务(Google Drive、Dropbox 等)存取图形。脱机工作并在重新联机后同步更改。见图 1.52。

图 1.52　AutoCAD 360 Pro 移动应用程序

（5）共享设计视图

在云中共享二维和三维 CAD 图形。审阅者无需登录或甚至无需基于 AutoCAD 的产品即可查看图形，并且无法替换 DWG™ 源文件。见图 1.53。

图 1.53　共享设计视图

（6）增强的三维打印

三维打印有多个选项可供选择：将三维模型发送到外部三维打印服务。或安装 Print Studio 工具，从而连接到三维打印机或创建打印文件以供将来使用。见图 1.54。

图 1.54　增强的三维打印

（7）增强的移植工具

轻松移植先前版本中的自定义设置和文件。软件会自动检测到相关设置，可以选择要移植的具体内容。见图1.55。

图1.55　增强的移植工具

（8）欧特克桌面应用程序

获取有关软件更新的相关通知，同时不会中断工作流。教程可帮助您充分利用新功能。借助产品特定技巧、内容库等更多内容学习相关技能。见图1.56。

图1.56　增强的移植工具

第2章

建筑结构CAD绘图基本使用方法

本章主要介绍建筑结构设计 AutoCAD 绘图操作界面布局、相关操作功能分布区域、相关基本系统参数设置；文件新建立、已有文件打开、文件存储和关闭等各种基本操作（注：因目前有相当部分读者还在使用早期版本，本书将结合 AutoCAD 2014 以前版本及 2016 版本为例进行操作，AutoCAD 2010～2017 等各个版本基本操作与此基本相同或类似）。学习使用 CAD 进行建筑结构绘图和文件制作，得从其基本使用方法起步，心急不得，逐步深入，很快就会上手。

2.1 AutoCAD 使用快速入门起步

AutoCAD 新版的操作界面是风格与 Windows 系统和 OFFICE 等软件基本一致，使用更为直观方便，比较符合人体视觉要求。熟悉其绘图环境和掌握基本操作方法，是学习使用 AutoCAD 的基础。

2.1.1 进入 AutoCAD 绘图操作界面

安装了 AutoCAD 2013 以后，单击其快捷图标即可进入 AutoCAD 绘图操作界面，进入的 AutoCAD 初始界面在新版本中是默认的"草图与注释"绘图空间模式及"欢迎"对话框，如图 2.1 所示。AutoCAD 提供的操作界面非常友好，与 Windows 风格一致，功能也更强大。初次启动 CAD 时可以使用系统默认的相关参数即可。该模式界面操作区域显示默认状态为黑色，可以将其修改为白色等其他颜色界面（具体修改方法参见后面相关详细论述）。

进入的 AutoCAD 初始界面在新版本中是默认的"草图与注释"绘图空间模式，与以传统版本的布局样式有所不同，对以前的使用者可能有点不习惯；可以点击左上角或右下角"切换工作空间"按钮，在弹出的菜单中选择"AutoCAD 经典"模式，即可得到与以前版本一样的操作界面，如图 2.2 所示。工作空间是由分组组织的菜单、工具栏、选项板和功能区控制面板组成的集合，用户可以在专门的、面向任务的绘图环境中工作；使用工作空间时，只会显示与任务相关的菜单、工具栏和选项板（注：箭头"▥╌╌╌▷"表示操作前后顺序，以后表述同此）。

对 AutoCAD2016 版本操作界面，切换为 AutoCAD 经典的方法是单击左上角的"工作空间"右侧三角下拉按钮，选择"显示菜单栏"即可。其他功能面板的显示控制，可以在区域任意位置单击右键，选择勾取进行关闭或打开显示，即可得到类似"AutoCAD 经典"模

(a) 草图与注释操作界面

(b) "切换工作空间"操作界面

图 2.1　CAD 操作界面

式操作界面。对 AutoCAD 2017 版本操作界面，切换为 AutoCAD 经典的方法是单击左上角的"草图与注释/工作空间"右侧三角下拉按钮，选择"显示菜单栏/隐藏菜单栏"即可得到熟悉的传统操作界面——AutoCAD 经典。

为便于学习和与前面各种版本衔接，本书采用"AutoCAD 经典"模式进行论述，掌握了这种基本模式，其他各种模式操作是类似的，很容易掌握使用。如图 2.3 所示为 AutoCAD 经典绘图模式，该模式操作区域界面显示默认状态为黑色，为清晰起见，改为白色界面（具体修改方法参见后面相关详细论述）。其中的网格可以点击最下一栏相应中间位置的"网格显示"工具即可开启、关闭不显示网格（或按 F7 键即可）。

若操作界面上出现的一些默认工具面板，一时还使用不到，可以先将其逐一关闭。若需使用，再通过"工具"下拉菜单中的"选项板"将其打开即可。如图 2.4 所示。

(a)"草图与注释"模式

(b)经典模式

图 2.2　AutoCAD2016 版本操作界面

2.1.2　AutoCAD 绘图环境基本设置

（1）操作区域背景显示颜色设置

单击"工具"下拉菜单，选择其中的"选项"，在弹出的"选项"对话框中，单击"显示"栏，再单击"颜色"按钮，弹出的"图形窗口颜色"对话框中即可设置操作区域背景显示颜色，单击"应用并关闭"按钮返回前一对话框，最后点击"确定"按钮即可完成设置。如图 2.5、图 2.6 所示。背景颜色根据个人绘图习惯设置，一般为白色或黑色。

图 2.3 CAD 绘图操作界面布局（AutoCAD 经典，AutoCAD2010～2014 版本界面）

图 2.4 关闭、启动工具面板方法

图 2.5 背景颜色设置方法

图 2.6　设置不同操作区域背景颜色

（2）自动保存和备份文件设置

AutoCAD 提供了图形文件自动保存和备份功能（即创建备份副本），这有助于确保图形数据的安全，出现问题时，用户可以恢复图形备份文件。

备份文件设置方法是，在"选项"对话框的"打开和保存"选项卡中，可以指定在保存图形时创建备份文件。执行此操作后，每次保存图形时，图形的早期版本将保存为具有相同名称并带有扩展名 .bak 的文件，该备份文件与图形文件位于同一个文件夹中。通过将 Windows 资源管理器中的 .bak 文件重命名为带有 .dwg 扩展名的文件，可以恢复为备份版本。如图 2.7 所示。

图 2.7　自动保存和备份文件设置

自动保存即是以指定的时间间隔自动保存当前操作图形。启用了"自动保存"选项，将以指定的时间间隔保存图形。默认情况下，系统为自动保存的文件临时指定名称为"filename_a_b_nnnn. sv $"。其中：Filename 为当前图形名，a 为在同一工作任务中打开同一图形实例的次数，b 为在不同工作任务中打开同一图形实例的次数，nnnn 为随机数字。这些临时文件在图形正常关闭时自动删除。出现程序故障或电压故障时，不会删除这些文件。要从自动保存的文件恢复图形的早期版本，请通过使用扩展名 * . dwg 代替扩展名 * . sv $ 来重命名文件，然后再关闭程序。自动保存的类似信息显示：

命令：

自动保存到 C：\Documents and Settings\Administrator\local
settings\temp\Drawing1_1_1_9192. sv $...

（3）图形文件密码设置

图形文件密码设置，是向图形添加密码并保存图形后，只有输入密码，才能打开图形文件。注意密码设置只适用于当前图形。

依次单击工具下拉菜单选择"选项"。在"选项"对话框的"打开和保存"选项卡中，单击"安全选项"。在"安全选项"对话框的"密码"选项卡中，输入密码，然后单击"确定"。接着在"确认密码"对话框中，输入使用的密码再单击"确定"。保存图形文件后，密码生效。如图 2.8 左图所示。

要打开使用该图形文件，需输入密码，如图 2.8 右图所示。如果密码丢失，将无法重新获得图形文件和密码，因此在向图形添加密码之前，应该创建一个不带密码保护的备份。

图 2.8　图形文件加密和使用

（4）图形单位设置

开始绘图前，必须基于要绘制的图形确定一个图形单位代表的实际大小，创建的所有对象都是根据图形单位进行测量的。然后据此约定创建实际大小的图形。例如，一个图形单位的距离通常表示实际单位的 1 毫米（mm）、1 厘米（cm）、1 英寸（in）或 1 英尺（ft）。

图形单位设置方法是单击"格式"下拉菜单选择"单位"。在弹出的"图形单位"对话框即可进行设置长度、角度和插入比例等相关单位和精度数值。如图 2.9 所示，其中：

图 2.9　图形单位设置

① 长度的类型一般设置为小数，长度精度数值为 0。设置测量单位的当前格式。该值包括"建筑"、"小数"、"工程"、"分数"和"科学"。其中，"工程"和"建筑"格式提供英尺和英寸显示并假定每个图形单位表示一英寸，其他格式可表示任何真实世界单位，如米（m）、毫米（mm）等。

② 角度的类型一般采用十进制度数，也可以采用其他类型。十进制度数以十进制数表示，百分度附带一个小写 g 后缀，弧度附带一个小写 r 后缀。度/分/秒格式用 d 表示度，

用′表示分，用″表示秒。以顺时针方向计算正的角度值，默认的正角度方向是逆时针方向。当提示用户输入角度时，可以点击所需方向或输入角度，而不必考虑"顺时针"设置。

③ 插入比例是控制插入到当前图形中的块和图形的测量单位。如果块或图形创建时使用的单位与该选项指定的单位不同，则在插入这些块或图形时，将对其按比例缩放。插入比例是源块或图形使用的单位与目标图形使用的单位之比。如果插入块时不按指定单位缩放，请选择"无单位"。

④ 光源控制当前图形中光度控制光源的强度测量单位，不常用，可以使用默认值即可。

⑤ 方向控制　主要是设置零角度的方向作为基准角度。

（5）不同图形单位转换

如果按某一度量衡系统（英制或公制）创建图形，然后希望转换到另一系统，则需要使用"SCALE"功能命令按适当的转换系数缩放模型几何体，以获得准确的距离和标注。

例如，要将创建的图形的单位从英寸（inch）转换为厘米（cm），可以按 2.54 的因子缩放模型几何体。要将图形单位从厘米转换为英寸，则比例因子为 1/2.54 或大约 0.3937。

（6）图形界限设置

图形界限设置实质是指设置并控制栅格显示的界限，并非设置绘图区域边界。一般地，AutoCAD 的绘图区域是无限的，可以任意绘制图形，不受边界约束的。

图形界限设置方法是单击"格式"下拉菜单选择"图形界限"，或在命令提示下输入 limits。然后指定界限的左下角点和右上角点即完成设置。该图形界限具体仅是 1 个图形辅助绘图点阵显示范围，如图 2.10 所示。

（7）控制主栅格线的频率

栅格是点或线的矩阵，遍布指定为栅格界限的整个区域。使用栅格类似于在图形下放置一张坐标纸。利用栅格可以对齐对象并直观显示对象之间的距离。可以将栅格显示为点矩阵或线矩阵。对于所有视觉样式，栅格均显示为线。仅在当前视觉样式设定为"二维线框"时栅格才显示为点。默认情况下，在二维和三维环境中工作时都会显示线栅格。打印图纸时不打印栅格。如果栅格以线而非点显示，则颜色较深的线（称为主栅格线）将间隔显示。在以小数单位或英尺和英寸绘图时，主栅格线对于快速测量距离尤其有用。可以在"草图设置"对话框中控制主栅格线的频率。如图 2.11 所示。

图 2.10　图形界限设置　　　图 2.11　主栅格线的频率

要关闭主栅格线的显示，请将主栅格线的频率设定为 1。

（8）文件自动保存格式设置

在对图形进行处理时，应当经常进行保存。图形文件的文件扩展名为 .dwg，除非更改保存图形文件所使用的默认文件格式，否则将使用最新的图形文件格式保存图形。AutoCAD 默认文件格式是"AutoCAD 2010 图形（＊.dwg）"，这个格式版本较高，若使用低于 AutoCAD 2010 版本的软件如 AutoCAD 2004 版本，图形文件不能打开。因此可以将图形文件设置为稍低版本格式，如"AutoCAD 2000 图形（＊.dwg）"。

具体设置方法是：单击"格式"下拉菜单选择"选项"命令，在弹出的"选项"对话框现在"打开和保存"栏，对其中大文件保存下方另存为进行选择即可进行设置为不同大格式，然后点击确定按钮，AutoCAD 图形保存默认文件格式将改变为所设置大格式。如图 2.12 所示。

(a) AutoCAD 2014 以前版本　　　　　(b) AutoCAD 2015 以后版本

图 2.12　图形保存格式设置

（9）绘图比例设置

在进行 CAD 绘图时，一般是按 1∶1 进行绘制，即实际尺寸是多少，绘图绘制多少，例如：轴距为 6000mm，在绘图时绘制 6000，如图 2.13 示意。所需绘图比例则通过打印输出时，在打印比例设定所需要的比例大小，详细内容参考后面打印输出相关章节。对于详图或节点大样图，可以先将其放大相同的倍数后再进行绘制，例如细部为 6mm，在绘图时可以放大 10 倍，绘制 60mm，然后在打印时按相应比例控制输出即可，详细内容参考后面打印输出相关章节。

图 2.13　可按实际尺寸绘图

（10）当前文字样式设置

在图形中输入文字时，当前的文字样式决定输入文字的字体、字号、角度、方向和其他文字特征，图形中的所有文字都具有与之相关联的文字样式。输入文字时，程序将使用当前文字样式。当前文字样式用于设置字体、字号、倾斜角度、方向和其他文字特征。如果要使用其他文字样式来创建文字，可以将其他文字样式置于当前。

设置方法是单击"格式"下拉菜单选择"文字样式"命令，在弹出"文字样式"对话框中进行设置，包括样式、字体、字高等，然后点击"置为当前"按钮，再依次点击"应用"、"关闭"按钮即可。如图 2.14 所示。

图 2.14　文字样式设置

（11）当前标注样式设置

标注样式是标注设置的命名集合，可用来控制标注的外观，如箭头样式、文字位置和尺寸公差等。可以通过更改设置控制标注的外观，同时为了便于使用、维护标注标准，可以将这些设置存储在标注样式中。在进行尺寸标注时，所标注将使用当前标注样式中的设置；如果要修改标注样式中的设置，则图形中的所有标注将自动使用更新后的样式。

设置方法是：单击"格式"下拉菜单选择"标注样式"命令，在弹出"标注样式"对话框中点击"修改"按钮弹出"修改标注样式"进行设置，依次点击相应的栏，包括线、符号和箭头、文字、主单位等，根据图幅大小设置合适的数值，然后点击"确定"按钮返回上一窗口，再依次点击"置为当前"、"关闭"按钮即可。如图 2.15 所示。

图 2.15　标注样式依次设置

若调整修改后标注等显示效果不合适，重复上述操作，继续修改调整其中的数据参数，直至合适为止，如图 2.16 所示。

图 2.16 不同标注样式显示效果

（12）绘图捕捉设置

使用对象捕捉可指定对象上的精确位置。例如，使用对象捕捉可以绘制到圆心或多段线中点的直线。不论何时提示输入点，都可以指定对象捕捉。默认情况下，当光标移到对象的对象捕捉位置时，将显示标记和工具提示，如图 2.17 所示。

(a) 捕捉位置显示　　　　　　　　　　　　　(b) 捕捉对象显示

图 2.17 捕捉显示示意

绘图捕捉设置方法如下。

① 依次单击工具（T）菜单"草图设置（F）"；在"草图设置"对话框中的"对象捕捉"选项卡上，选择要使用的对象捕捉；最后单击"确定"即可。

② 也可以在屏幕下侧，点击"对象捕捉"按钮，再在弹出的快捷菜单中选择设置。如图 2.18 所示。

（13）线宽设置

线宽是指定给图形对象以及某些类型的文字的宽度值。使用线宽，可以用粗线和细线清楚地表现出各种不同线条，以及细节上的不同，也通过为不同的图层指定不同的线宽，可以轻松得到不同的图形线条效果。一般情况下，需要选择状态栏上的"显示/隐藏线宽"按钮进行开启，否则一般在屏幕上将不显示线宽。线宽设置方法是：单击"格式"下拉菜单选择"线宽"命令，在弹出"线宽度设置"对话框中相关按钮进行设置。如图 2.19 所示。若勾取"显示线宽"选项后，屏幕将显示线条宽度，包括各种相关线条。如图 2.20 所示。具有线宽的对象将以指定线宽值的精确宽度打印。

图 2.18　捕捉设置

图 2.19　线宽设置

图 2.20　各种线条及文字都显示线宽

　　需要说明的是，在模型空间中，线宽以像素为单位显示，并且在缩放时不发生变化。因此，在模型空间中精确表示对象的宽度时不应该使用线宽。例如，如果要绘制一个实际宽度为 0.5mm 的对象，不能使用线宽，而应用宽度为 0.5mm 的多段线表示对象。

　　指定图层线宽的方法是：依次单击"工具"下拉菜单选择"选项板"，然后选择"图层"面板，弹出图层特性管理器，单击与该图层关联的线宽；在"线宽"对话框的列表中选择线宽；最后单击"确定"关闭各个对话框。如图 2.21 所示。

图 2.21 指定图层线宽

（14）坐标系可见性和位置设置

屏幕中的坐标系可以显示或关闭不显示。打开或关闭 UCS 图标显示的方法是依次单击视图（V）→显示（L）→UCS 图标（U）→开（O），复选标记指示图标是开还是关。

UCS 坐标系一般将在 UCS 原点或当前视口的左下角显示 UCS 图标，要在这两者之间位置进行切换，可以通过依次单击"视图→显示 UCS 坐标→原点"即可切换。如果图标显示在当前 UCS 的原点处，则图标中有一个加号（＋）。如果图标显示在视口的左下角，则图标中没有加号。如图 2.22 所示。

图 2.22 坐标系显示位置设置

2.2 AutoCAD 绘图文件操作基本方法

2.2.1 建立新 CAD 图形文件

启动 AutoCAD 后，可以通过如下几种方式创建一个新的 AutoCAD 图形文件。

→ "文件"下拉菜单：选择"文件"下拉菜单的"新建"命令选项。

→ 在"命令："命令行下输入 NEW（或 new）或 N（或 n），不区分大小写。

→ 使用标准工具栏：单击左上"新建"或标准工具栏中的"新建"命令图标按钮。

→ 直接使用"Ctrl＋N"快捷键。

执行上述操作后，将弹出的"选择样板"对话框中，可以选取"acad"文件或使用默认样板文件直接点击"打开"按钮即可。如图 2.23 所示。

图 2.23　建立新图形文件

2.2.2　打开已有 CAD 图形

启动 AutoCAD 后，可以通过如下几种方式打开一个已有的 AutoCAD 图形文件。
→ 打开"文件"下拉菜单，选择"打开"命令选项。
→ 使用标准工具栏：单击标准工具栏中的"打开"命令图标。
→ 在"命令："命令行下输入 OPEN 或 open。
→ 直接使用"Ctrl + O"快捷键。

执行上述操作后，将弹出"选择文件"对话框，在其"查找范围"中点击选取文件所在位置，然后选中要打开的图形文件，最后点击"打开"按钮即可。如图 2.24 所示。

图 2.24　打开已有图形

2.2.3　保存 CAD 图形

启动 AutoCAD 后，可以通过如下几种方式保存绘制好的 AutoCAD 图形文件。
→ 点击"文件"下拉菜单选择其中的"保存"命令选项。
→ 使用标准工具栏：单击标准工具栏中的"保存"命令图标。
→ 在"命令："命令行下输入 SAVE 或 save。
→ 直接使用"Ctrl + S"快捷键。

执行上述操作后，将弹出"图形另存为"对话框，在其"保存于"中点击选取要保存文件位置，然后输入图形文件名称，最后点击"保存"按钮即可。如图 2.25 所示。对于非首次保存的图形，CAD 不再提示上述内容，而是直接保存图形。

若以另外一个名字保存图形文件，可以通过点击"文件"下拉菜单的选择"另存为"命令选项。执行"另存为"命令后，AutoCAD 将弹出图形如图 2.26 所示对话框，操作与前述保存操作相同。

图 2.25　保存图形

2.2.4　关闭 CAD 图形

启动 AutoCAD 后，可以通过如下几种方式关闭图形文件。

→ 在"文件"下拉菜单的选择"关闭"命令选项。

→ 在"命令:"命令行下输入 CLOSE 或 close。

→ 点击图形右上角的"X"，如图 2.26 所示。

执行"关闭"命令后，若该图形没有存盘，AutoCAD 将弹出警告"是否将改动保存到＊＊＊＊＊.dwg?"，提醒需不需要保存图形文件。选择"Y（是）"，将保存当前图形并关闭它，选择"N（否）"将不保存图形直接关闭它，选择"Cancel（取消）"表示取消关闭当前图形的操作。如图 2.27 所示。

图 2.26　点击"X"关闭图形

图 2.27　AutoCAD 询问提示

2.2.5　退出 AutoCAD 软件

可以通过如下方法退出 AutoCAD。

→ 从"文件"下拉菜单中选择"退出"命令选项。

→ 在"命令:"命令行下输入 EXIT 或 exit 后回车。

→ 在"命令:"命令行下输入 QUIT（退出）或 quit 后回车。

→ 点击图形右上角最上边的"X"，如图 2.27 所示。

2.2.6　同时打开多个 CAD 图形文件

AutoCAD 支持同时打开多个图形文件，若需在不同图形文件窗口之间切换，可以打开"窗口"下拉菜单，选择需要打开的文件名称即可。如图 2.28 所示。

图 2.28　不同图形文件窗口切换

2.3　常用 AutoCAD 绘图辅助控制功能

2.3.1　CAD 绘图动态输入控制

　　"动态输入"在光标附近提供了一个命令界面，以帮助用户专注于绘图区域。动态输入有 3 个组件：指针输入、标注输入和动态提示。打开动态输入时，工具提示将在光标旁边显示信息，该信息会随光标移动动态更新。当某命令处于活动状态时，工具提示将为用户提供输入的位置。在输入字段中输入值并按 TAB 键后，该字段将显示一个锁定图标，并且光标会受用户输入的值约束。随后可以在第二个输入字段中输入值。另外，如果用户输入值然后按"ENTER"键，则第二个输入字段将被忽略，且该值将被视为直接距离输入，如图 2.29 所示。单击底部状态栏上的动态输入按钮图标以打开和关闭动态输入，也可以按下"F12"键可以临时关闭/启动动态输入。

图 2.29　动态输入操作显示

　　对动态显示可以通过设置进行控制。在底部状态栏上的动态输入按钮图标上单击鼠标右键，然后单击"设置"以控制在启用"动态输入"时每个部件所显示的内容，可以设置指针

<table>
<tr><td>(a) 动态设置对话框</td><td>(b) 标注输入动态显示</td></tr>
</table>

图 2.30　动态输入控制

输入、标注输入、动态提示等事项内容，如图 2.30 所示。

2.3.2　正交模式控制

约束光标在水平方向或垂直方向移动。在正交模式下，光标移动限制在水平或垂直方向上（相对于当前 UCS 坐标系，将平行于 UCS 的 X 轴的方向定义为水平方向，将平行于 Y 轴的方向定义为垂直方向）。如图 2.31 所示。

图 2.31　正交模式控制

在绘图和编辑过程中，可以随时打开或关闭"正交"。输入坐标或指定对象捕捉时将忽略"正交"模式。要临时打开或关闭"正交"模式，请按住临时替代键 SHIFT（使用临时替代键时，无法使用直接距离输入方法）。要控制正交模式，单击底部状态栏上的"正交模式"按钮图标以启动和关闭正交模式，也可以按下"F8"键可以临时关闭/启动"正交模式"。

2.3.3　绘图对象捕捉追踪控制

对象捕捉追踪是指可以按照指定的角度或按照与其他对象的特定关系绘制对象，自动追踪包括两个追踪选项：极轴追踪和对象捕捉追踪。需要注意必须设置对象捕捉，才能从对象的捕捉点进行追踪。如图 2.32 所示。例如，在以下插图中，启用了"端点"对象捕捉：

（1）单击直线的起点 a 开始绘制直线；

（2）将光标移动到另一条直线的端点 b 处获取该点；

图 2.32 对象捕捉追踪控制

（3）然后沿水平对齐路径移动光标，定位要绘制的直线的端点 c。

可以通过点击底部状态栏上的"极轴"或"对象追踪"按钮打开或关闭自动追踪。也可以按下"F11"键可以临时关闭/启动"对象追踪"。

2.3.4 二维对象绘图捕捉方法（精确定位方法）

二维对象捕捉方式有端点、中点、圆心等多种，如图 2.33 所示，在绘制图形时一定要掌握，可以精确定位绘图位置。常用的捕捉方法如下所述。捕捉方式可以用于绘制图形时准确定位，使得所绘制图形快速定位与相应的位置点。

（1）端点捕捉是指捕捉到圆弧、椭圆弧、直线、多行、多段线线段、样条曲线、面域或射线最近的端点，或捕捉宽线、实体或三维面域的最近角点。如图 2.34（a）所示。

（2）中点捕捉是指捕捉到圆弧、椭圆、椭圆弧、直线、多行、多段线线段、面域、实体、样条曲线或参照线的中点。如图 2.34（b）所示。

（3）中心点捕捉是指捕捉到圆弧、圆、椭圆或椭圆弧的中心点。如图 2.34（c）所示。

图 2.33 二维对象绘图捕捉方式

图 2.34 捕捉形式示意

（4）交点捕捉是指捕捉到圆弧、圆、椭圆、椭圆弧、直线、多行、多段线、射线、面域、样条曲线或参照线的交点。延伸捕捉当光标经过对象的端点时，显示临时延长线或圆弧，以便用户在延长线或圆弧上指定点。"延伸交点"不能用作执行对象捕捉模式。"交点"和"延伸交点"不能和三维实体的边或角点一起使用。外观交点捕捉是指不在同一平面但在当前视图中看起来可能相交的两个对象的视觉交点。"延伸外观交点"不能用作执行对象捕捉模式。"外观交点"和"延伸外观交点"不能和三维实体的边或角点一起使用。如图 2.35 所示。

（5）象限捕捉是指捕捉到圆弧、圆、椭圆或椭圆弧的象限点。如图 2.36 所示。

（6）垂足捕捉是指捕捉圆弧、圆、椭圆、椭圆弧、直线、多线、多段线、射线、面域、实体、样条曲线或构造线的垂足。如图 2.37 所示。

（7）当正在绘制的对象需要捕捉多个垂足时，将自动打开"递延垂足"捕捉模式。可以用直线、圆弧、圆、多段线、射线、参照线、多行或三维实体的边作为绘制垂直线的基础对

(a) 延伸交点　　　　(b) 交点

图 2.35　交点捕捉　　　　　　　　　　　　图 2.36　象限捕捉

象。可以用"递延垂足"在这些对象之间绘制垂直线。当靶框经过"递延垂足"捕捉点时，将显示 AutoSnap 工具提示和标记。

（8）切点捕捉是指捕捉到圆弧、圆、椭圆、椭圆弧或样条曲线的切点。当正在绘制的对象需要捕捉多个垂足时，将自动打开"递延垂足"捕捉模式。可以使用"递延切点"来绘制与圆弧、多段线圆弧或圆相切的直线或构造线。当靶框经过"递延切点"捕捉点时，将显示标记和 AutoSnap 工具提示。当用"自"选项结合"切点"捕捉模式来绘制除开始于圆弧或圆的直线以外的对象时，第一个绘制的点是与在绘图区域最后选定的点相关的圆弧或圆的切点。如图 2.38 所示。

（9）最近点捕捉是指捕捉到圆弧、圆、椭圆、椭圆弧、直线、多行、点、多段线、射线、样条曲线或参照线距离当前光标位置的最近点。如图 2.39 所示。

图 2.37　垂足捕捉　　　　　图 2.38　切点捕捉　　　　　图 2.39　最近点捕捉

2.3.5　控制重叠图形显示次序

重叠对象（例如文字、宽多段线和实体填充多边形）通常按其创建次序显示，新创建的对象显示在现有对象前面。可以使用 DRAWORDER 改变所有对象的绘图次序（显示和打印次序），使用 TEXTTOFRONT 可以更改图形中所有文字和标注的绘图次序。

依次单击图形对象，然后点击右键，弹出快捷菜单，选择绘图次序，在根据需要选择"置于对象之上"和"置于对象之下"等相应选项。如图 2.40 所示。

图 2.40　控制图形显示次序

2.4 AutoCAD 绘图快速操作方法

2.4.1 全屏显示方法

"全屏显示"是指屏幕上仅显示菜单栏、"模型"选项卡和布局选项卡（位于图形底部）、状态栏和命令行。"全屏显示"按钮位于应用程序状态栏的右下角，使用鼠标直接点击该按钮图标即可实现开启或关闭"全屏显示"。或打开"视图"下拉菜单选择"全屏显示"即可。如图 2.41 所示。

一般显示绘图环境　　　　　　　　　　全屏显示绘图环境

图 2.41　全屏显示

2.4.2 视图控制方法

视图控制只是对图形在屏幕上显示的位置进行改变好控制，并不更改图形中对象的位置和大小等。可以通过以下方法移动或缩放视图。

→ 缩放屏幕视图范围：前后转动鼠标中间的轮子即可；或者不选定任何对象，在绘图区域单击鼠标右键，在弹出的快捷菜单中选择"缩放"，然后拖动鼠标即可进行。

→ 平移屏幕视图范围：不选定任何对象，在绘图区域单击鼠标右键，在弹出的快捷菜单中选择"平移"，然后拖动鼠标即可进行，如图 2.42 所示。

→ 在"命令"输入"ZOOM 或 Z"（缩放视图）、"PAN 或 P"（平移视图）。

→ 点击"标准"工具栏上的"实时缩放"或"实时平移"按钮，也可以点击底部状态栏上的"缩放"、"平移"，即图标 ✋ 🔍 。

要随时停止平移视图或缩放视图，请按 ENTER 键或 ESC 键。

图 2.42　视图控制

2.4.3 键盘 F1～F12 功能键使用方法

AutoCAD 系统设置了一些与键盘上的 F1～F12 键功能,其各自功能作用如下。

(1) F1 键:按下"F1"键,AutoCAD 提供帮助窗口,可以查询功能命令、操作指南等帮助说明文字。如图 2.43 所示。

(2) F2 键:按下"F2"键,AutoCAD 弹出显示命令文本窗口,可以查看操作命令历史记录过程,如图 2.44 所示。

图 2.43 F1 键提供帮助功能   图 2.44 F2 键显示命令文本窗口

(3) F3 键:开启、关闭对象捕捉功能。按下"F3"键,AutoCAD 控制绘图对象捕捉进行切换,再按一下 F3,关闭对象捕捉功能,再按一下,启动对象捕捉功能。如图 2.45 所示。

(4) F4 键:开启、关闭三维对象捕捉功能。如图 2.46 所示。

图 2.45 F3 键控制捕捉功能   图 2.46 三维对象捕捉

(5) F5 键:按下"F5"键,AutoCAD 提供在切换等轴测平面不同视图,包括等轴测平面俯视、等轴测平面右视、等轴测平面左视。这在绘制等轴测图时使用。如图 2.47 所示。

(6) F6 键:按下"F6"键,AutoCAD 控制开启或关闭动态 UCS 坐标系。UCS 在绘制三维图形时使用。

(7) F7 键:按下"F7"键,AutoCAD 控制显示或隐藏格栅线。如图 2.48 所示。

图 2.47　等轴测平面不同视图

- 左平面：捕捉和栅格沿90°和150°轴对齐。
- 上平面：捕捉和栅格沿30°和150°轴对齐。
- 右平面：捕捉和栅格沿30°和90°轴对齐。

图 2.48　F7 键显示或隐藏格栅

（8）F8 键：按下"F8"键，AutoCAD 控制绘图时图形线条是否为水平/垂直方向或倾斜方向。这称为正交模式控制。如图 2.49 所示。

图 2.49　F8 键控制捕捉功能

（9）F9 键：按下"F9"键，AutoCAD 控制绘图时通过指定栅格距离大小设置进行捕捉。与 F3 键不同，F9 控制捕捉位置是不可见矩形栅格距离位置，以限制光标仅在指定的

图 2.50　F9 键控制格栅捕捉

X 和 Y 间隔内移动。打开或关闭此种捕捉模式，可以通过单击状态栏上的"捕捉模式"、按 F9 键，或使用 SNAPMODE 系统变量，来打开或关闭捕捉模式。如图 2.50 所示。

图 2.51　F10 键控制功能

（10）F10：按下"F10"键，AutoCAD 控制开启或关闭极轴追踪模式（极轴追踪是指光标将按指定的极轴距离增量进行移动），如图 2.51 所示。

（11）F11：按下"F11"键，AutoCAD 控制开启或关闭对象捕捉追踪模式。如图 2.52 所示。

（12）F12：按下"F12"键，AutoCAD 控制开启或关闭动态输入模式，如图 2.53 所示。

图 2.52　对象捕捉追踪

2.4.4　AutoCAD 功能命令别名（缩写形式）

AutoCAD 软件绘图的各种功能命令是使用英语单词型式，即使是 AutoCAD 中文版也是如此，不能使用中文命令进行输入操作。例如，绘制直线的功能命令是"line"，输入的命令是"line"，不能使用中文"直线"作为命令输入。

(a) 关闭动态输入　　　　　　　　(b) 开启动态输入

图 2.53　F12 键控制功能

另外，AutoCAD 软件绘图的各种功能命令不区分大小写，功能相同，在输入功能命令时可以使用大写字母，也可以使用小写字母。例如，输入绘制直线的功能命令时，可以使用"LINE"，也可以使用"line"，输入型式如下：

命令：LINE

或

命令：line

AutoCAD 软件提供多种方式启动各种功能命令。一般可以通过以下 3 种方式执行相应的功能命令。

→ 打开下拉菜单选择相应的功能命令选项。

→ 单击相应工具栏上的相应功能命令图标。

→ 在"命令:"命令行提示下直接输入相应功能命令的英文字母（注：不能使用中文汉字作为命令输入）。

命令别名是在命令提示下代替整个命令名而输入的缩写。例如，可以输入"c"代替"circle"来启动 CIRCLE 命令。别名与键盘快捷键不同，快捷键是多个按键的组合，例如 SAVE 的快捷键是 CTRL＋S。

具体地说，在使用 AutoCAD 软件绘图的各种功能命令时，部分绘图和编辑等功能命令可以使用其缩写型式代替，二者作用完全相同。例如，绘制直线的功能命令"line"，其缩写型式为"l"，在输入可以使用"LINE"或"line"，也可以使用"L"或"l"，它们作用完全相同。

AutoCAD 软件常用的绘图和编辑功能命令别名（缩写型式）主要有如表 2.1 所示。

表 2.1　AutoCAD 软件常用的绘图和编辑功能命令别名（缩写形式）

序号	功能命令全称	命令缩写型式	功 能 作 用
1	ALIGN	AL	在二维和三维空间中将对象与其他对象对齐
2	ARC	A	创建圆弧
3	AREA	AA	计算对象或所定义区域的面积和周长
4	ARRAY	AR	创建按图形中对象的多个副本
5	BHATCH	H 或 BH	使用填充图案或渐变填充来填充封闭区域或选定对象
6	BLOCK	B	从选定的对象中创建一个块定义
7	BREAK	BR	在两点之间打断选定对象

序号	功能命令全称	命令缩写型式	功 能 作 用
8	CHAMFER	CHA	给对象加倒角
9	CHANGE	CH	更改现有对象的特性
10	CIRCLE	C	创建圆
11	COPY	CO 或 CP	在指定方向上按指定距离复制对象
12	DDEDIT	ED	编辑单行文字、标注文字、属性定义和功能控制边框
13	DDVPOINT	VP	设置三维观察方向
14	DIMBASELINE	DBA	从上一个标注或选定标注的基线处创建线性标注、角度标注或坐标标注
15	DIMALIGNED	DAL	创建对齐线性标注
16	DIMANGULAR	DAN	创建角度标注
17	DIMCENTER	DCE	创建圆和圆弧的圆心标记或中心线
18	DIMCONTINUE	DCO	创建从先前创建的标注的尺寸界线开始的标注
19	DIMDIAMETER	DDI	为圆或圆弧创建直径标注
20	DIMEDIT	DED	编辑标注文字和尺寸界线
21	DIMLINEAR	DLI	创建线性标注
22	DIMRADIUS	DRA	为圆或圆弧创建半径标注
23	DIST	DI	测量两点之间的距离和角度
24	DIVIDE	DIV	创建沿对象的长度或周长等间隔排列的点对象或块
25	DONUT	DO	创建实心圆或较宽的环
26	DSVIEWER	AV	打开"鸟瞰视图"窗口
27	DVIEW	DV	使用相机和目标来定义平行投影或透视视图
28	ELLIPSE	EL	创建椭圆或椭圆弧
29	ERASE	E	从图形中删除对象
30	EXPLODE	X	将复合对象分解为其组件对象
31	EXPORT	EXP	以其他文件格式保存图形中的对象
32	EXTEND	EX	扩展对象以与其他对象的边相接
33	EXTRUDE	EXT	通过延伸对象的尺寸创建三维实体或曲面
34	FILLET	F	给对象加圆角
35	HIDE	HI	重生成不显示隐藏线的三维线框模型
36	IMPORT	IMP	将不同格式的文件输入当前图形中
37	INSERT	I	将块或图形插入当前图形中
38	LAYER	LA	管理图层和图层特性
39	LEADER	LEAD	创建连接注释与特征的线
40	LENGTHEN	LEN	更改对象的长度和圆弧的包含角
41	LINE	L	创建直线段
42	LINETYPE	LT	加载、设置和修改线型
43	LIST	LI	为选定对象显示特性数据
44	LTSCALE	LTS	设定全局线型比例因子
45	LWEIGHT	LW	设置当前线宽、线宽显示选项和线宽单位
46	MATCHPROP	MA	将选定对象的特性应用于其他对象
47	MIRROR	MI	创建选定对象的镜像副本
48	MLINE	ML	创建多条平行线
49	MOVE	M	在指定方向上按指定距离移动对象
50	MTEXT	MT 或 T	创建多行文字对象
51	OFFSET	O	创建同心圆、平行线和平行曲线
52	PAN	P	将视图平面移到屏幕上

序号	功能命令全称	命令缩写型式	功 能 作 用
53	PEDIT	PE	编辑多段线和三维多边形网格
54	PLINE	PL	创建二维多段线
55	POINT	PO	创建点对象
56	POLYGON	POL	创建等边闭合多段线
57	PROPERTIES	CH	控制现有对象的特性
58	PURGE	PU	删除图形中未使用的项目,例如块定义和图层
59	RECTANG	REC	创建矩形多段线
60	REDO	U	恢复上一个用 UNDO 或 U 命令放弃的效果
61	REDRAW	R	刷新当前视口中的显示
62	REVOLVE	REV	通过绕轴扫掠对象创建三维实体或曲面
63	ROTATE	RO	绕基点旋转对象
64	SCALE	SC	放大或缩小选定对象,使缩放后对象的比例保持不变
65	SECTION	SEC	使用平面和实体、曲面或网格的交集创建面域
66	SLICE	SL	通过剖切或分割现有对象,创建新的三维实体和曲面
67	SOLID	SO	创建实体填充的三角形和四边形
68	SPLINE	SPL	创建通过拟合点或接近控制点的平滑曲线
69	SPLINEDIT	SPE	编辑样条曲线或样条曲线拟合多段线
70	STRETCH	S	拉伸与选择窗口或多边形交叉的对象
71	STYLE	ST	创建、修改或指定文字样式
72	SUBTRACT	SU	通过减法操作来合并选定的三维实体或二维面域
73	TORUS	TOR	创建圆环形的三维实体
74	TRIM	TR	修剪对象以与其他对象的边相接
75	UNION	UNI	通过加操作来合并选定的三维实体、曲面或二维面域
76	UNITS	UN	控制坐标和角度的显示格式和精度
77	VIEW	V	保存和恢复命名视图、相机视图、布局视图和预设视图
78	VPOINT	VP	设置图形的三维可视化观察方向
79	WBLOCK	W	将对象或块写入新图形文件
80	WEDGE	WE	创建三维实体楔体

2.5　AutoCAD 图形坐标系

在命令提示输入点时,可以使用定点设备指定点,也可以在命令提示下输入坐标值。打开动态输入时,可以在光标旁边的工具提示中输入坐标值。可以按照笛卡尔坐标(X,Y)或极坐标输入二维坐标。笛卡尔坐标系有三个轴,即 X、Y 和 Z 轴。输入坐标值时,需要指示沿 X、Y 和 Z 轴相对于坐标系原点(0,0,0)点的距离(以单位表示)及其方向(正或负)。在二维中,在 XY 平面(也称为工作平面)上指定点。工作平面类似于平铺的网格纸。笛卡尔坐标的 X 值指定水平距离,Y 值指定垂直距离。原点(0,0)表示两轴相交的位置。极坐标使用距离和角度来定位点。使用笛卡尔坐标和极坐标,均可以基于原点(0,0)输入绝对坐标,或基于上一指定点输入相对坐标。输入相对坐标的另一种方法是:通过移动光标指定方向,然后直接输入距离。此方法称为直接距离输入。可以用科学、小数、工程、建筑或分数格式输入坐标。可以使用百分度、弧度、勘测单位或度/分/秒输入角度。UNITS 命令控制了单位的格式。

AutoCAD 图形的位置是由坐标系来确定的，AutoCAD 环境下使用 2 个坐标系，即世界坐标系、用户坐标系。

一般地，AutoCAD 以屏幕的左下角为坐标原点 O（0，0，0），X 轴为水平轴，向右为正；Y 轴为垂直轴，向上为正；Z 轴则根据右手规则确定，垂直于 XOY 平面，指向使用者，如图 2.54 所示。这样的坐标系称为世界坐标系（World Coordinate System，简称 WCS），有时又称通用坐标系，世界坐标系是固定不变的。AutoCAD 允许根据绘图时的不同需要，建立自己专用的坐标系，即用户坐标系（User Coordinate System），简称 UCS，用户坐标系主要在三维绘图时使用。如果图标显示在当前 UCS 的原点处，则图标中有一个加号（＋）。如果图标显示在视口的左下角，则图标中没有加号。常见的 AutoCAD 的 UCS 图标如图 2.55 所示。

图 2.54　AutoCAD 方向确定原则

二维UCS图标　　三维UCS图标　　着色UCS图标　　WCS上的三维UCS

WCS上的二维UCS　　二维UCS折断的铅笔　　二维UCS的右侧视图　　三维UCS的仰视图

图 2.55　AutoCAD 的 UCS 图标

2.5.1　AutoCAD 坐标系设置

（1）坐标系的形式

AutoCAD 在屏幕上最常见的坐标系表示形式，如图 2.56 所示。在 AutoCAD 环境下进行图形绘制时，可以采用绝对直角坐标、相对直角坐标、相对极坐标、球坐标或柱坐标等方法确定点的位置，后两种坐标在三维坐标系中使用，在此不详细论述。

可以使 AutoCAD 显示或隐藏其坐标系图标。坐标显示的设置可由如下 2 种方法实现。

→ 在"命令:"下输入 UCSICON 命令,即:

命令:UCSICON(控制坐标系图标显示)

输入选项[开(ON)/关(OFF)/全部(A)/非原点(N)/原点(OR)/特性(P)]<开>:(输入 ON 或 OFF 控制显示)

→ 打开"视图"下拉菜单,选择"显示"命令。接着选择"UCS 图标"命令,最后选择"开"命令在开/关进行切换。

(2)坐标显示

在屏幕的左下角状态栏中,AutoCAD 提供了一组用逗号隔开的数字,从左至右分别代表 X 轴、Y 轴和 Z 轴的坐标值,如图 2.57 所示。当移动鼠标时,坐标值将随着变化,状态栏中所显示的坐标值是光标的当前位置。在二维坐标系下,随着光标的移动,(X,Y)数值不断发生变化,而 Z 值保持一定的稳定性。

图 2.56　常见坐标系形式

图 2.57　坐标值(X、Y、Z)

2.5.2　绝对直角坐标

AutoCAD 通过直接输入坐标值(X、Y、Z)在屏幕上确定唯一的点位置,该坐标(X、Y、Z)是相对于坐标系的原点(0,0,0)的,称为绝对直角坐标。在二维平面条件下,只需考虑 X、Y 的坐标值即可,Z 的值恒为 0,即(X,Y)。

AutoCAD 绝对直角坐标的输入方法为:在命令提示后通过键盘直接以"X,Y"形式输入,例如图 2.58 所示的直线 AB。若坐标数值为负,则直线的方向与正值相反。

命令:LINE(输入绘制直线 AB 命令)

指定第一点:6,8(输入直线起点 A 的坐标值)

指定下一点或[放弃(U)]:12,28(输入直线终点 B 的坐标值)

指定下一点或[放弃(U)]:(回车结束)

图 2.58　使用绝对直角坐标

2.5.3　相对直角坐标

除了绝对外直角坐标,AutoCAD 还可以利用"@X、Y、Z"方法可精确地设定点的位置。"@X、Y、Z"表示相对于上一个点分别在 X、Y、Z 方向的距离。这样的坐标称为相对直角坐标。在二维平面环境(XOY 平面)下绘制图形对象,可以不考虑 Z 坐标,AutoCAD 将 Z 坐标保持为 0 不变,也即以"@X,Y"形式来表示。

AutoCAD 相对直角坐标的输入方法为:在命令提示后通过键盘直接以"@X,Y"形式输入。直线 AC 可以按相同方法(@0,13)绘制得到。若坐标数值为负,则直线的方向与

图 2.59　使用相对
直角坐标

正值相反。例如，以前述 B 为起点，绘制 C 点，如图 2.59 所示。

命令：LINE（输入绘制直线 BC 命令）

指定第一点：（直线起点捕捉端点 B）

指定下一点或［放弃（U）］：@10，－8（输入直线终点 C 相对于 B 点的坐标值）

指定下一点或［放弃（U）］：（回车）

2.5.4　相对极坐标

相对极坐标是指相对于某一个固定位置点的距离和角度而确定新的位置所使用的坐标。在 AutoCAD 中默认的角度方向为逆时针方向，用极坐标进行点的定位总是相对于前一个点，而不是原点。

AutoCAD 相对极坐标的输入方法为：在命令提示后通过键盘直接以"@X＜Y"形式输入，其中 X 表示相对于前一个点的距离大小，Y 表示与坐标系水平 X 轴直线的角度大小。若坐标数值或角度为负，则直线的方向与正值相反，角度方向为顺时针方向。例如，如图 2.60 所示绘制直线 AD：

命令：LINE（输入绘制直线 AD 命令）

指定第一点：（直线起点捕捉端点 A）

指定下一点或［放弃（U）］：@12＜60（输入直线终点 D 相对于 A 点的距离 12 和与水平轴线的角度 60°）

指定下一点或［放弃（U）］：（回车）

图 2.60　相对极坐标

2.6　图层常用操作

为便于对图形中不同元素对象进行控制，AutoCAD 提供了图层（Layer）功能，即不同的透明存储层，可以存储图形中不同元素对象。每个图层都有一些相关联的属性，包括图层名、颜色、线型、线宽和打印样式等。图层是绘制图形时最为有效的图形对象管理手段和方式，极大方便了图形的操作。此外，图层的建立、编辑和修改也简洁明了，操作极为便利。

2.6.1　建立新图层

通过如下几种方式建立 AutoCAD 新图层。

→ 在"命令："命令提示下输入 LAYER 命令。

→ 打开"格式"下拉菜单，选择"图层"命令。

→ 单击图层工具栏上的图层特性管理器图标。

执行上述操作后，系统将弹出"图层特性管理器"对话框。单击其中的"新建图层"按钮，在当前图层选项区域下将以"图层 1，图层 2，…"的名称建立相应的图层，即为新的图层，该图层的各项参数采用系统默认值。然后单击图层特性管理器对话框右上角按钮关闭或自动隐藏。每一个图形都有 1 个 0 层，其名称不可更改，且不能删除该图层。其他所建立的图层各项参数是可以修改的，包括名称、颜色等属性参数。如图 2.61 所示。

图 2.61　建立新的图层

2.6.2　图层相关参数的修改

可以对 AutoCAD 图层如下的属性参数进行编辑与修改。

（1）图层名称

图层的取名原则应简单易记，与图层中的图形对象紧密关联。图层名称的修改很简单，按前述方法打开"图层特性管理器"对话框，点击要修改图层名称后按箭头键"→"，该图层的名称出现一个矩形框，变为可修改，可以进行修改。也可以点击右键，在弹出的菜单中选择"重命名图层"即可修改。如图 2.62 所示。AutoCAD 系统对图层名称有一定的限制条件，不能采用"<、\、?、＝、*、、:"等符号作为图层名，其长度约 255 个字符。

图 2.62　修改图层名称

（2）设置为当前图层

当前图层是指正在进行图形绘制的图层，即当前工作层，所绘制的图线将存放在当前图层中。因此，要绘制某类图形对象元素时，最好先将该类图形对象元素所在的图层设置为当前图层。

按前述方法打开"图层特性管理器"对话框，单击要设置为当前图层的图层，再单击"置为当前"按钮，该图层即为当前工作图层。如图 2.62 所示。

（3）图层颜色

AutoCAD 系统默认图层的颜色为白色或黑色。也可以根据绘图的需要修改图层的颜色。先按前面所述的方法启动"图层特性管理器"对话框，然后单击颜色栏下、要改变颜色的图层所对应的图标。系统将弹出"选择颜色"对话框，在该对话框中用光标拾取颜色，最后单击"确定"按钮。该图层上的图形元素对象颜色即以此作为其色彩。如图 2.63 所示。

（4）删除图层和隐藏图层

先按前面所述的方法启动"图层特性管理器"对话框，然后在弹出"图层特性管理器"对话框中，单击要删除的图层，再单击"删除"按钮，最后单击按钮确定。该图层即被删

图 2.63　修改图层颜色

除。只有图层为空图层时，即图层中无任何图形对象元素时，才能对其进行删除操作。此外"0"、"defpoints"图层不能被删除。

隐藏图层操作是指将该图层上的所有图形对象元素隐藏起来，不在屏幕中显示出来，但图形对象元素仍然保存在图形文件中。

要隐藏图层，先按前面所述的方法启动"图层特性管理器"对话框，然后单击"开"栏下、要隐藏的图层所对应的电灯泡图标，该图标将填充满颜色即是关闭隐藏。该图层上的图形元素对象不再在屏幕中显示出来。要重新显示该图层图形对象，只需单击该对应图标，使其变空即可。如图 2.64 所示。

（5）冻结与锁定图层

冻结图层是指将该图层设置为既不在屏幕上显示，也不能对其进行删除等编辑操作的状态。锁定图层与冻结图层不同之处在于该锁定后的图层仍然在屏幕上显示。注意当前图层不能进行冻结操作。

其操作与隐藏图层相似。先按前面所述的方法启动，然后单击冻结/锁定栏下、要冻结/锁定的图层所对应的锁头图标，该图标将发生改变（颜色或形状改变）。冻结后图层上的图形元素对象不再在屏幕中显示出来，而锁定后图层上的图形元素对象继续在屏幕中显示出来但不能删除。要重新显示该图层图形对象，只需单击该对应图标，使图标发生改变即可。如图 2.65 所示。

图 2.64　隐藏图层

图 2.65　冻结与锁定图层

2.7 CAD 图形常用选择方法

在进行绘图时，需要经常选择图形对象进行操作。AutoCAD 提供了多种图形选择方法，其中最为常用的方式如下所述。

2.7.1 使用拾取框光标

矩形拾取框光标放在要选择对象的位置时，将亮显对象，单击可以选择图形对象。按住 Shift 键并再次选择对象，可以将其从当前选择集中删除。如图 2.66 所示。

图 2.66 使用光标选择图形

2.7.2 使用矩形窗口选择图形

矩形窗口选择图形是指从第一点向对角点拖动光标的方向将确定选择的对象。使用"窗口选择"选择对象时，通常整个对象都要包含在矩形选择区域中才能选中。

（1）窗口选择。从左向右拖动光标，以仅选择完全位于矩形区域中的对象（自左向右方向，即从第 1 点至第 2 点方向进行选择）。如图 2.67 所示。

（2）窗交选择。从左向右拖动光标，以选择矩形窗口包围的或相交的对象（自右向左方向，即从第 1 点至第 2 点方向进行选择）。如图 2.68 所示。

图 2.67 窗口选择

图 2.68 窗交选择

2.7.3 任意形状窗口选择图形

在 AutoCAD 2015～2017 以上版本中，增加了图形选择的新功能，即可以任意形状的图形进行图形选择功能。操作方法如下，如图 2.69 所示。

（1）执行相关功能命令后，在提示"选择对象"时，按住鼠标左键不放，同时移动光标即可进行选择。

（2）对象选择完成后松开鼠标，穿越的图形被选中，同时图形显示颜色改变。

（3）移动光标的方向为顺时针或逆时针均可。只要窗口形状线（即"套索"）全部或部分穿越的图形，均被选中。

命令：MOVE

窗口（W）套索　按空格键可循环浏览选项找到 10 个

选择对象：

指定基点或［位移（D）］＜位移＞：

指定位移 ＜0.0000，0.0000，0.0000＞：

(a) 套索全部穿越选择

顺时针穿越　　　　逆时针穿越　　　　穿越选中

(b) 套索部分穿越选择

图 2.69　任意形状窗口选择图形

2.8　常用 CAD 绘图快速操作技巧方法

在进行绘图操作时，有一些技巧是个人实践中总结出来的，在相关 AutoCAD 文献中不易找到。本小节将介绍一些实用的 CAD 操作方法技巧，对绘图大有益处。熟能生巧，这是最为有效的方法。

2.8.1　图形线型快速修改

CAD 图形线型是由虚线、点和空格组成的重复图案，显示为直线或曲线。可以通过图层将线型指定给对象，也可以不依赖图层而明确指定线型。在工程开始时加载工程所需的线型，以便在需要时使用。

（1）加载线型

加载线型的步骤如下：

a. 依次单击："常用"选项卡→"特性"面板→"线型"。

b. 在"线型"下拉列表中，单击"其他"。然后，在"线型管理器"对话框中，单击"加载"。

c. 在"加载或重载线型"对话框中，选择一种线型。单击"确定"。

如果未列出所需线型，请单击"文件"。在"选择线型文件"对话框中，选择一个要列出其线型的 LIN 文件，然后单击该文件。此对话框将显示存储在选定的 LIN 文件中的线型定义。选择一种线型。单击"确定"。

也可以按住 Ctrl 键来选择多个线型，或者按住 SHIFT 键来选择一个范围内的线型。

d. 单击"确定"。如图 2.70 所示。

图 2.70　加载线型

（2）设定和更改当前线型

所有对象都是使用当前线型（显示在"特性"工具栏上的"线型"控件中）创建的。也可以使用"线型"控件设定当前的线型。如果将当前线型设定为"BYLAYER"，则将使用指定给当前图层的线型来创建对象。如果将当前线型设定为"BYBLOCK"，则将对象编组到块中之前，将使用"CONTINUOUS"线型来创建对象。将块插入到图形中时，此类对象将采用当前线型设置。如果不希望当前线型成为指定给当前图层的线型，则可以明确指定其他线型。CAD 软件中某些对象（文字、点、视口、图案填充和块）不显示线型。

为全部新图形对象设定线型的步骤如下。

a. 依次单击："常用"选项卡→"特性"面板→"线型"。

b. 在"线型"下拉列表中，单击"其他"。然后，在"线型管理器"对话框中，单击"加载"。

可以按住 Ctrl 键来选择多个线型，或者按住 SHIFT 键来选择一个范围内的线型。

c. 在"线型管理器"对话框中，执行以下操作之一。

选择一个线型并选择"当前"，以该线型绘制所有的新对象。

选择"BYLAYER"以便用指定给当前图层的线型来绘制新对象。

选择"BYBLOCK"以便用当前线型来绘制新对象，直到将这些对象编组为块。将块插入到图形中时，块中的对象将采用当前线型设置。

d. 单击"确定"。

更改指定给图层的线型的步骤如下。

a. 依次单击："常用"选项卡→"图层"面板→"图层特性"。

b. 在图层特性管理器中，选择要更改的线型名称。

c. 在"选择线型"对话框中，选择所需的线型。单击"确定"。

d. 再次单击"确定"。

更改图形对象的线型方法如下。

选择要更改其线型的对象。依次单击："常用"选项卡→"选项板"面板→"特性"。在特性选项板上，单击"线型"控件。选择要指定给对象的线型。可以通过以下三种方案更改对象的线型。

a. 将对象重新指定给具有不同线型的其他图层。如果将对象的线型设定为"BYLAYER"，并将该对象重新指定给其他图层，则该对象将采用新图层的线型。

b. 更改指定给该对象所在图层的线型。如果将对象的线型设定为"BYLAYER"，则该对象将采用其所在图层的线型。如果更改了指定给图层的线型，则该图层上指定了"BYLAYER"线型的所有对象都将自动更新。

c. 为对象指定一种线型以替代图层的线型。可以明确指定每个对象的线型。如果要用其他线型来替代对象由图层决定的线型，请将现有对象的线型从"BYLAYER"更改为特定的线型（例如 DASHED）。

（3）控制线型比例

通过全局更改或分别更改每个对象的线型比例因子，可以以不同的比例使用同一种线型。默认情况下，全局线型和独立线型的比例均设定为 1.0。比例越小，每个绘图单位中生成的重复图案数越多。例如，设定为 0.5 时，每个图形单位在线型定义中显示两个重复图案。不能显示一个完整线型图案的短直线段显示为连续线段。对于太短，甚至不能显示一条虚线的直线，可以使用更小的线型比例。如图 2.71 所示。

命令：LTSCALE

输入新线型比例因子 ＜1.0000＞：1.000

正在重生成模型。

LTSCALE=1.000   LTSCALE=3.000   LTSCALE=10.000

图 2.71　不同全局比例因子显示效果

"全局比例因子"的值控制 LTSCALE 系统变量，该系统变量可以全局更改新建对象和现有对象的线型比例。"当前对象缩放比例"的值控制 CELTSCALE 系统变量，该系统变量可以设定新建对象的线型比例。将 LTSCALE 的值与 CELTSCALE 的值相乘可以获得显示的线型比例。可以轻松地分别更改或全局更改图形中的线型比例。在布局中，可以通过 PSLTSCALE 调节各个视口中的线型比例。

2.8.2　快速准确定位复制方法

要将图形准确复制到指定位置，可以使用"带基点复制"的功能方法，即是将选定的对象与指定的基点一起复制到剪贴板，然后将图形准确粘贴到指定位置。如图 2.72 所示。操

图 2.72　将图形准确复制到指定位置

作方法如下。

（1）菜单方法：打开下拉菜单编辑（E）→带基点复制（B）。

（2）快捷菜单方法：终止所有活动命令，在绘图区域中单击鼠标右键，然后从剪贴板中选择"带基点复制"。

2.8.3　图形面积和长度快速计算方法

（1）使用 AREA 功能命令

计算对象或所定义区域的面积和周长，可以使用 AREA 命令。操作步骤是在工具（T）下拉菜单→查询（Q）→面积（A）。

命令：AREA

指定第一个角点或［对象（O）/增加面积(A)/减少面积(S)］＜对象(O)＞：

选择对象：

区域＝15860.5147，周长＝570.0757

其中：

a."对象（O）"选项　可以计算选定对象的面积和周长。可以计算圆、椭圆、样条曲线、多段线、多边形、面域和三维实体的面积。如果选择开放的多段线，将假设从最后一点到第一点绘制了一条直线，然后计算所围区域中的面积。计算周长时，将忽略该直线的长度；计算面积和周长时将使用宽多段线的中心线。

b."增加面积（A）"选项　打开"加"模式后，继续定义新区域时应保持总面积平衡。可以使用"增加面积"选项计算各个定义区域和对象的面积、周长，以及所有定义区域和对象的总面积。也可以进行选择以指定点。将显示第一个指定的点与光标之间的橡皮线。要加上的面积以绿色亮显，如图 2.73（a）所示。按 ENTER 键。AREA 将计算面积和周长，并返回打开"加"模式后通过选择点或对象定义的所有区域的总面积。如果不闭合这个多边形，将假设从最后一点到第一点绘制了一条直线，然后计算所围区域中的面积。计算周长时，该直线的长度也会计算在内。

c."减少面积（S）"选项　与"增加面积"选项类似，但减少面积和周长。可以使用"减少面积"选项从总面积中减去指定面积。也可以通过点指定要减去的区域。将显示第一个指定的点与光标之间的橡皮线。指定要减去的面积以绿色亮显，如图 2.73（b）所示。

(a) 增加面积　　(b) 减少面积

图 2.73　面积计算

61

计算由指定点所定义的面积和周长。所有点必须都在与当前用户坐标系（UCS）的 XY 平面平行的平面上。将显示第一个指定的点与光标之间的橡皮线。指定第二个点后，将显示具有绿色填充的直线段和多段线。继续指定点以定义多边形，然后按 ENTER 键完成周长定义。如果不闭合这个多边形，将假设从最后一点到第一点绘制了一条直线，然后计算所围区域中的面积。计算周长时，该直线的长度也会计算在内。

（2）使用 PLINE 和 LIST 命令计算面积

可使用 PLINE 创建闭合多段线，也可使用 BOUNDARY 创建闭合多段线或面域。然后选择闭合图形使用 LIST 或"特性"选项板来查找面积，按下 F2 可以看到面积等提示。如图 2.74 所示。

图 2.74　使用 PLINE 和 LIST 计算面积

（3）使用 BOUNDARY 和 LIST 命令计算面积

使用 BOUNDARY 从封闭区域创建面域或多段线，然后使用 LIST 计算面积方法，按下 F2 可以看到面积等提示。如图 2.75 所示。

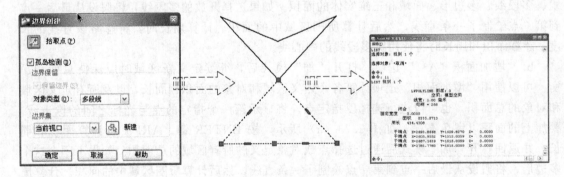

图 2.75　使用 BOUNDARY 和 LIST 计算面积

命令：BOUNDARY
拾取内部点：正在选择所有对象…
正在选择所有可见对象…
正在分析所选数据…
正在分析内部孤岛…
拾取内部点：
BOUNDARY 已创建 1 个多段线

2.8.4　当前视图中图形显示精度快速设置

当前视图中图形显示精度设置也即设置当前视口中对象的分辨率，其功能命令是 VIE-WRES。VIEWRES 使用短矢量控制圆、圆弧、样条曲线和圆弧式多段线的外观。矢量数目越大，圆或圆弧的外观越平滑。例如，如果创建了一个很小的圆然后将其放大，它可能显示为一个多边形。使用 VIEWRES 增大缩放百分比并重生成图形，可以更新圆的外观并使其平滑。如图 2.76 所示。

VIEWRES 设置保存在图形中。要更改新图形的默认值，请指定新图形所基于的样板文件中的 VIEWRES 设置。如果命名（图纸空间）布局首次成为当前设置而且布局中创建了默认视口，此初始视口的显示分辨率将与"模型"选项卡视口的显示分辨率相同。

命令：VIEWRES

是否需要快速缩放？［是（Y）/否(N)］＜Y＞：Y

输入圆的缩放百分比（1-20000）＜1000＞：20000(注意：最小为1，最大为20000)

正在重生成模型。

(a) VIEWRES＝100　　　　　　　(b) VIEWRES＝20000

图 2.76　不同图形显示精度效果

建筑结构CAD基本图形绘制方法

本章主要介绍使用 AutoCAD 进行建筑结构设计绘图中基本图形绘制的方法和技巧，包括：直线、折线、弧线和曲线等各种线条绘制；圆形和矩形、多边形、表格等各种规则和不规则图形绘制；较为复杂图形绘制思路和方法。AutoCAD 的绘图功能十分强大，使用方便，用途广泛，能够应对各种图形的绘制，是建筑结构工程绘图及文件制作的有力助手。

需要说明一点，CAD 绘图时，在"命令："行输入相关命令后，回车即可执行该命令进行操作。**AutoCAD 操作命令不区分字母大小写，大小写均相同**。例如：

命令：LINE（输入 LINE 或 line 或 Line 后，按回车"Enter"按键均可执行相同操作功能）。

3.1 常见线条 CAD 快速绘制

AutoCAD 中的点、线（包括直线、曲线）等是最基本的图形元素。其中线的绘制包括直线与多段线、射线与构造线、圆弧线与椭圆弧线、样条曲线与多线等各种形式的线条。

3.1.1 点的绘制

在点、线、面三种类型图形对象中，点无疑是 AutoCAD 中最基本的组成单位元素。点可以作为捕捉对象的节点。点的 AutoCAD 功能命令为 POINT（缩略为 PO）。其绘制方法是在提示输入点的位置时，直接输入点的坐标或者使用鼠标选择点的位置即可。

启动 POINT 命令可以通过以下 3 种方式。

→ 打开"绘图"下拉菜单选择命令"点"选项中的"单点"或"多点"命令。

→ 单击"绘图"工具栏上的"点"命令图标。

图 3.1　设置点样式

→ 在"命令："命令行提示下直接输入 POINT 或 PO 命令（不能使用"点"作为命令输入）。

打开"格式"下拉菜单选择"点样式"命令选项，就可以选择点的图案形式和图标的大小。如图 3.1 所示。点的形状和大小也可以由系统变量 PDMODE 和 PDSIZE 控制，其中变量 PDMODE 用于设置点的显示图案形式（如果 PDMODE 的值为 1，则指定不显示任何图形），变量 PDSIZE 则用来控制图标的大小（如果 PDSIZE 设置为 0，将按绘图区域高度的 5% 生成点对象）。正的 PDSIZE 值指定点图形的绝对尺寸。负值将解释为视口尺寸的百分比。修改 PDMODE 和 PDSIZE 之后，AutoCAD 下次重生成图形时改变现有点的外观。重生成图形时将重新计算所有点的尺寸。进行点绘制操作如下。

命令：POINT（输入画点命令）

当前点模式：PDMODE＝99   PDSIZE＝25.0000（系统变量的 PDMODE、PDSIZE 设置数值）

指定点：（使用鼠标在屏幕上直接指定点的位置，或直接输入点的坐标 x，y，z 数值）

点的功能一般不单独使用，常常在进行线段等分时作为等分标记使用。最好先选择点的样式，要显示其位置最好不使用“.”的样式，因为该样式不易看到。操作如下，如图 3.2 所示。

命令：DIVIDE（打开“绘图”下拉菜单选择“点”命令选项，再选择“定数等分或定距等分”）

图 3.2   利用点标记等分

选择要定数等分的对象：

输入线段数目或［块（B）］：6

3.1.2   直线与多段线绘制

（1）绘制直线

直线的 AutoCAD 功能命令为 LINE（缩略为 L），绘制直线可通过直接输入端点坐标（X，Y）或直接在屏幕上使用鼠标点取。可以绘制一系列连续的直线段，但每条直线段都是一个独立的对象，按“ENTER（即回车，后面论述同此）”键结束命令。

启动 LINE 命令可以通过以下 3 种方式。

→ 打开“绘图”下拉菜单选择“直线”命令选项。

→ 单击“绘图”工具栏上的“直线”命令图标。

→ 在“命令：”命令行提示下直接输入 LINE 或 L 命令（不能使用“直线”作为命令输入）。

要绘制斜线、水平和垂直的直线，可以结合使用“F8”按键。反复按下“F8”键即可进行在斜线与水平或垂直方向之间切换。以在“命令：”直接输入 LINE 或 L 命令为例，说明直线的绘制方法，如图 3.3 所示。

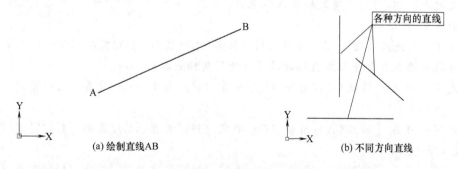

(a)绘制直线AB   (b)不同方向直线

图 3.3   绘制直线

特别说明，在绘制图形时，图形的端点定位一般采用在屏幕上捕捉直接点取其位置，或输入相对坐标数值进行定位，通常不使用直接输入其坐标数值（x，y）或（x，y，z），因为使用坐标数值比较繁琐。后面论述同此。

命令：LINE（输入绘制直线命令）

指定第一点：175，128（指定直线起点 A 或输入端点坐标）

指定下一点或 [放弃（U）]：545，442（按下"F8"后指定直线终点 B 或输入端点坐标 545，442）

指定下一点或 [放弃（U）]：（回车）

（2）绘制多段线

多段线的 AutoCAD 功能命令为 PLINE（PLINE 为 Polyline 简写形式，缩略为 PL），绘制多段线同样可通过直接输入端点坐标（X，Y）或直接在屏幕上使用鼠标点取。对于多段线，可以指定线型图案在整条多段线中是位于每条线段的中央，还是连续跨越顶点，如图 3.4 所示。可以通过设置 PLINEGEN 系统变量来执行此设置。

PLINEGEN=0 　　　　　　　　　　　　　　　PLINEGEN=1

(a) 线型在二维多段线线段中居中 　　　　　(b) 线型在二维多段线中连续

图 3.4　多段线设置

启动 PLINE 命令可以通过以下 3 种方式。

→ 打开"绘图"下拉菜单选择"多段线"命令选项。

→ 单击"绘图"工具栏上的"多段线"命令图标。

→ 在"命令："命令行提示下直接输入 PLINE 或 PL 命令（不能使用"多段线"作为命令输入）。

绘制时要在斜线、水平和垂直之间进行切换，可以使用"F8"按键。以在"命令："直接输入 PLINE 或 PL 命令为例，说明多段线的绘制方法。

① 使用 PLINE 绘制由直线构成的多段线，如图 3.5（a）所示。

命令：PLINE（绘制由直线构成的多段线）

指定起点：13，151（确定起点 A 位置）

当前线宽为 0.0000

指定下一个点或 [圆弧（A）/半宽（H）/长度（L）/放弃（U）/宽度（W）]：13，83（依次输入多段线端点 B 的坐标或直接在屏幕上使用鼠标点取）

指定下一点或 [圆弧（A）/闭合（C）/半宽（H）/长度（L）/放弃（U）/宽度（W）]：40，83（下一点 C）

指定下一点或 [圆弧（A）/闭合（C）/半宽（H）/长度（L）/放弃（U）/宽度（W）]：66，133（下一点 D）

指定下一点或 [圆弧（A）/闭合（C）/半宽（H）/长度（L）/放弃（U）/宽度（W）]：82，64（下一点 E）

……

指定下一点或 [圆弧（A）/闭合（C）/半宽（H）/长度（L）/放弃（U）/宽度（W）]：（回车结束操作）

(a) 纯直线形式　　　　　　　　　　　　　　(b) 直线与弧线结合

图 3.5　绘制多段线

② 使用 PLINE 绘制由直线与弧线构成的多段线，如图 3.5（b）所示。

命令：PLINE（绘制由直线与弧线构成的多段线）

指定起点：7，143（确定起点 A 位置）

当前线宽为 0.0000

指定下一个点或［圆弧（A）/半宽（H）/长度（L）/放弃（U）/宽度（W）］：7，91（输入多段线端点 B 的坐标或直接在屏幕上使用鼠标点取）

指定下一点或［圆弧（A）/闭合（C）/半宽（H）/长度（L）/放弃（U）/宽度（W）］：A（输入 A 绘制圆弧段造型）

指定圆弧的端点或

［角度(A)/圆心（CE）/闭合（CL）/方向（D）/半宽（H）/直线（L）/半径（R）/第二个点（S）/放弃（U）/宽度（W）］：41，91（指定圆弧的第 1 个端点 C）

指定圆弧的端点或

［角度(A)/圆心（CE）/闭合（CL）/方向（D）/半宽（H）/直线（L）/半径（R）/第二个点（S）/放弃（U）/宽度（W）］：73，91（指定圆弧的第 2 个端点 D）

指定圆弧的端点或

［角度(A)/圆心（CE）/闭合（CL）/方向（D）/半宽（H）/直线（L）/半径（R）/第二个点（S）/放弃（U）/宽度（W）］：L（输入 L 切换回绘制直线段造型）

指定下一点或［圆弧(A)/闭合（C）/半宽（H）/长度（L）/放弃（U）/宽度（W）］：73，125（下一点 E）

指定下一点或［圆弧(A)/闭合（C）/半宽（H）/长度（L）/放弃（U）/宽度（W）］：（下一点）

……

指定下一点或［圆弧(A)/闭合（C）/半宽（H）/长度（L）/放弃（U）/宽度（W）］：C（闭合多段线）

3.1.3　射线与构造线绘制

（1）绘制射线

射线指沿着一个方向无限延伸的直线，主要用来定位的辅助绘图线。射线具有一个确定的起点并单向无限延伸。其 AutoCAD 功能命令为 RAY，直接在屏幕上使用鼠标点取。

启动 RAY 命令可以通过以下 2 种方式。

→ 打开 "绘图" 下拉菜单选择 "射线" 命令选项。

→ 在 "命令:" 命令行提示下直接输入 RAY 命令（不能使用 "射线" 作为命令输入）。

图 3.6　绘制射线

AutoCAD 绘制一条射线并继续提示输入通过点以便创建多条射线。起点和通过点定义了射线延伸的方向，射线在此方向上延伸到显示区域的边界。按 ENTER 键结束命令。以在"命令："直接输入 RAY 命令为例，说明射线的绘制方法，如图 3.6 所示。

命令：RAY（输入绘射线命令）

指定起点：8，95（指定射线起点 A 的位置）

指定通过点：62，139（指定射线所通过点的位置 B）

指定通过点：112，121（指定射线所通过点的位置 C）

……

指定通过点：（回车）

（2）绘制构造线

构造线指两端方向是无限长的直线，主要用来定位的辅助绘图线，即用来定位对齐边角点的辅助绘图线。其 AutoCAD 功能命令为 XLINE（缩略为 XL），可直接在屏幕上使用鼠标点取。

启动 XLINE 命令可以通过以下 3 种方式。

→ 打开"绘图"下拉菜单选择"构造线"命令选项。

→ 单击"绘图"工具栏上的"构造线"命令图标。

→ 在"命令："命令行提示下直接输入 XLINE 或 XL 命令（不能使用"构造线"作为命令输入）。

使用两个通过点指定构造线（无限长线）的位置。以在"命令："直接输入 XLINE 命令为例，说明构造线的绘制方法，如图 3.7 所示。

图 3.7　绘制构造线

命令：XLINE（绘制构造线）

指定点或［水平（H）/垂直（V）/角度（A）/二等分（B）/偏移（O）］：8，95（指定构造直线起点 A 位置）

指定通过点：62，139（指定构造直线通过点位置 B）

指定通过点：112，121（指定下一条构造直线通过点位置 C）

指定通过点：（指定下一条构造直线通过点位置）

……

指定通过点：

指定通过点：（回车）

3.1.4　圆弧线与椭圆弧线绘制

（1）绘制圆弧线

圆弧线可以通过输入端点坐标进行绘制，也可以直接在屏幕上使用鼠标点取。其 Auto-CAD 功能命令为 ARC（缩略为 A）。在进行绘制时，如果未指定点就按 ENTER 键，Auto-CAD 将把最后绘制的直线或圆弧的端点作为起点，并立即提示指定新圆弧的端点。这将创建一条与最后绘制的直线、圆弧或多段线相切的圆弧。

启动 ARC 命令可以通过以下 3 种方式。

→ 打开"绘图"下拉菜单选择"圆弧"命令选项。

➜ 单击"绘图"工具栏上的"圆弧"命令图标。

➜ 在"命令:"命令行提示下直接输入 ARC 或 A 命令(不能使用"圆弧"作为命令输入)。

以在"命令:"直接输入 ARC 命令为例,说明弧线的绘制方法,如图 3.8 所示。

图 3.8 绘制圆弧线

命令:ARC(绘制弧线)

指定圆弧的起点或[圆心(C)]:20,102(指定起始点位置 A)

指定圆弧的第二个点或[圆心(C)/端点(E)]:61,139(指定中间点位置 B)

指定圆弧的端点:113,122(指定起终点位置 C)

(2)绘制椭圆弧线

椭圆弧线的 AutoCAD 功能命令为 ELLIPSE(缩略为 EL),与椭圆是一致的,只是在执行 ELLIPSE 命令后再输入 A 进行椭圆弧线绘制。一般根据两个端点定义椭圆弧的第 1 条轴,第 1 条轴的角度确定了整个椭圆的角度。第 1 条轴既可定义椭圆的长轴也可定义短轴。

启动 ELLIPSE 命令可以通过以下 3 种方式。

➜ 打开"绘图"下拉菜单选择"椭圆"命令选项,再执行子命令选项"圆弧"。

➜ 单击"绘图"工具栏上的"椭圆弧"命令图标。

➜ 在"命令:"命令行提示下直接输入 ELLIPSE 或 EL 命令后再输入 A(不能使用"椭圆弧"作为命令输入)。

以在"命令:"直接输入 ELLIPSE 命令为例,说明椭圆弧线的绘制方法,如图 3.9 所示。

命令:ELLIPSE(绘制椭圆曲线)

指定椭圆的轴端点或[圆弧(A)/中心点(C)]:A(输入 A 绘制椭圆曲线)

图 3.9 绘制椭圆曲线

指定椭圆弧的轴端点或[中心点(C)]:(指定椭圆轴线端点 A)

指定轴的另一个端点:(指定另外一个椭圆轴线端点 B)

指定另一条半轴长度或[旋转(R)]:(指定与另外一个椭圆轴线距离 OC)

指定起始角度或[参数(P)]:(指定起始角度位置 D)

指定终止角度或[参数(P)/包含角度(I)]:(指定终点角度位置 E)

3.1.5 样条曲线与多线绘制

(1)绘制样条曲线

样条曲线是一种拟合不同位置点的曲线,其 AutoCAD 功能命令为 SPLINE(缩略为 SPL)。样条曲线与使用 ARC 命令连续绘制的多段曲线图形不同之处,样条曲线是一体的,且曲线光滑流畅,而使用 ARC 命令连续绘制的多段曲线图形则是由几段组成的。SPLINE 在指定的允差范围内把光滑的曲线拟合成一系列的点。AutoCAD 使用 NURBS(非均匀有理 B 样条曲线)数学方法,其中存储和定义了一类曲线和曲面数据。

启动 SPLINE 命令可以通过以下 3 种方式。

➜ 打开"绘图"下拉菜单选择"样条曲线"命令选项。

→ 单击"绘图"工具栏上的"样条曲线"命令图标。
→ 在"命令:"命令行提示下直接输入 SPLINE 或 SPL 命令（不能使用"样条曲线"作为命令输入）。

图 3.10　绘制样条曲线

以在"命令:"直接输入 SPLINE 命令为例，说明样条曲线的绘制方法，如图 3.10 所示。

命令:SPLINE（输入绘制样条曲线命令）

当前设置：方式=拟合　节点=弦

指定第一个点或［方式（M）/节点（K）/对象（O）］:（指定样条曲线的第 1 点 A 或选择对象进行样条曲线转换）

输入下一个点或［起点切向（T）/公差（L）］:（指定下一点 C 位置或选择备选项）

输入下一个点或［端点相切（T）/公差（L）/放弃（U）/闭合（C）］:（指定下一点 D 位置或选择备选项）

......

输入下一个点或［端点相切（T）/公差（L）/放弃（U）/闭合（C）］:（指定下一点 O 位置或选择备选项）

输入下一个点或［端点相切（T）/公差（L）/放弃（U）/闭合（C）］:（回车）

指定切向：（回车）

（2）绘制多线

多线也称多重平行线，指由两条相互平行的直线构成的线型。其 AutoCAD 绘制命令为 MLINE（缩略为 ML）。其中的比例因子参数 Scale 是控制多线的全局宽度（这个比例不影响线型比例），该比例基于在多线样式定义中建立的宽度。比例因子为 2，绘制多线时，其宽度是样式定义的宽度的两倍。负比例因子将翻转偏移线的次序，即当从左至右绘制多线时，偏移最小的多线绘制在顶部。负比例因子的绝对值也会影响比例。比例因子为 0，将使多线变为单一的直线。

启动 MLINE 命令可以通过以下 3 种方式。

→ 打开"绘图"下拉菜单选择"多线"命令选项。
→ 单击绘图工具栏上的多线命令图标。
→ 在"命令:"命令行提示下直接输入 MLINE 或 ML 命令（不能使用"多线"作为命令输入）。

多线的样式，打开"绘图"下拉菜单，选择命令"多线样式"选项。在弹出的对话框中就可以新建多线形式、修改名称、设置特性和加载新的多行线的样式等，如图 3.11 所示。

图 3.11　设置多线

以在"命令:"直接输入 MLINE 命令为例,说明多线的绘制方法,如图 3.12 所示。

命令:MLINE(绘制多线)

当前设置:对正＝上,比例＝20.00,样式＝STAND-ARD

指定起点或[对正(J)/比例(S)/样式(ST)]:S(输入 S 设置多线宽度)

输入多线比例＜20.00＞: 120(输入多线宽度)

当前设置:对正＝上,比例＝120.00,样式＝STAND-ARD

图 3.12 绘制多线

指定起点或[对正(J)/比例(S)/样式(ST)]:(指定多线起点位置)

指定下一点:(指定多线下一点位置)

指定下一点或[放弃(U)]:(指定多线下一点位置)

指定下一点或[闭合(C)/放弃(U)]:(指定多线下一点位置)

指定下一点或[闭合(C)/放弃(U)]:(指定多线下一点位置)

······

指定下一点或[闭合(C)/放弃(U)]:C(回车)

3.1.6 云线(云彩线)绘制

云线是指由连续圆弧组成的线条造型。云彩线的 AutoCAD 命令是 REVCLOUD,REVCLOUD 在系统注册表中存储上一次使用的圆弧长度,当程序和使用不同比例因子的图形一起使用时,用 DIMSCALE 乘以此值以保持统一。

启动命令可以通过以下 3 种方式。

→ 打开"绘图"下拉菜单选择"修订云线"命令选项。

→ 单击"绘图"工具栏上的"修订云线"命令图标。

→ 在"命令:"直接输入 REVCLOUD 命令。

其绘制方法如下所述,如图 3.13 所示:

图 3.13 绘制云彩线

命令:REVCLOUD(绘制云彩线,此命令提示为 Auto CAD 2014 以下版本)

最小弧长:15 最大弧长:15 样式:普通

指定起点或[弧长(A)/对象(O)]＜对象＞:A(输入 A 设置云彩线的大小)

指定最小弧长 ＜15＞:10(输入云彩线最小弧段长度)

指定最大弧长 ＜10＞:18(输入云彩线最大弧段长度)

指定起点或[对象(O)]＜对象＞:(指定云彩线起点位置)

沿云线路径引导十字光标...(拖动鼠标进行云彩线绘制)

反转方向[是(Y)/否(N)]＜否＞:N

修订云线完成(回车完成绘制)

命令:REVCLOUD(绘制云线,此命令提示方式为 AutoCAD 2014 以上版本)

最小弧长:0.5 最大弧长:0.5 样式:普通 类型:矩形

指定第一个角点或[弧长(A)/对象(O)/矩形(R)/多边形(P)/徒手画(F)/样

式（S）/修改（M）］＜对象＞：_F

最小弧长：0.5　最大弧长：0.5　样式：普通　类型：徒手画

指定第一个点或［弧长（A）/对象（O）/矩形（R）/多边形（P）/徒手画（F）/样式（S）/修改（M）］＜对象＞：A

指定最小弧长＜0.5＞：150

指定最大弧长＜150＞：450（最大弧长不能超过最小弧长的三倍）

指定第一个点或［弧长（A）/对象（O）/矩形（R）/多边形（P）/徒手画（F）/样式（S）/修改（M）］＜对象＞：

沿云线路径引导十字光标…

修订云线完成。

3.1.7　其他特殊线绘制

AutoCAD提供了绘制具有宽度的线条功能，可以绘制等宽度和不等宽度的线条。

（1）等宽度的线条

绘制等宽度的线条，可以使用PLINE、TRACE命令来实现，具体绘制方法如下所述。

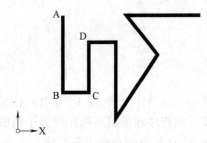

图3.14　绘制等宽度线

① 使用PLINE命令绘制等宽度的线条，如图3.14所示。

命令：PLINE（使用PLINE命令绘制等宽度的线条）

指定起点：（指定等宽度的线条起点A）

当前线宽为0.0000

指定下一个点或［圆弧（A）/半宽（H）/长度（L）/放弃（U）/宽度（W）］：W（输入W设置线条宽度）

指定起点宽度＜0.0000＞：15（输入起点宽度）

指定端点宽度＜15.0000＞：15（输入端点宽度）

指定下一个点或［圆弧（A）/半宽（H）/长度（L）/放弃（U）/宽度（W）］：（依次输入多段线端点坐标或直接在屏幕上使用鼠标点取B）

指定下一点或［圆弧（A）/闭合（C）/半宽（H）/长度（L）/放弃（U）/宽度（W）］：（指定下一点位置C）

指定下一点或［圆弧（A）/闭合（C）/半宽（H）/长度（L）/放弃（U）/宽度（W）］：（指定下一点位置D）

……

指定下一点或［圆弧（A）/闭合（C）/半宽（H）/长度（L）/放弃（U）/宽度（W）］：（指定下一点位置）

指定下一点或［圆弧（A）/闭合（C）/半宽（H）/长度（L）/放弃（U）/宽度（W）］：（回车结束操作）

② 使用TRACE命令绘制宽度线，如图3.15所示。使用TRACE命令时，只有下一个线段的终点位置确定后，上一段的线段才在屏幕上显示出来。宽线的端点在宽线的中心线上，而且总是被剪切成矩形。TRACE自动计算连接到邻近线段的合适倒角。AutoCAD直到指定下一线段或按

图3.15　使用TRACE命令

ENTER 键之后才画出每条线段。考虑到倒角的处理方式，TRACE 没有放弃选项。如果"填充"模式打开，则宽线是实心的。如果"填充"模式关闭，则只显示宽线的轮廓。

　　命令：TRACE（使用 TRACE 绘制等宽度的线条）

　　指定宽线宽度＜1.2000＞：8

　　指定起点：（指定起点位置 A）

　　指定下一点：（指定下一点位置 B）

　　指定下一点：（指定下一点位置 C）

　　……

　　指定下一点：（回车）

（2）不等宽度的线条

　　绘制不等宽度的线条，可以使用 PLINE 命令来实现，具体绘制方法如下所述，其他不等宽度线条按相同方法绘制，如图 3.16 所示：

(a) 绘制不等宽线条ABC　　　　　　　　(b) 其他形式

图 3.16　绘制不等宽度线条

　　命令：PLINE（使用 PLINE 命令绘制不等宽度的线条）

　　指定起点：（指定等宽度的线条起点 A）

　　当前线宽为 0.0000

　　指定下一个点或［圆弧（A）/半宽（H）/长度（L）/放弃（U）/宽度（W）］：W（输入 W 设置线条宽度）

　　指定起点宽度＜0.0000＞：15（输入起点宽度）

　　指定端点宽度＜15.0000＞：3（输入线条宽度与前面不一致）

　　指定下一个点或［圆弧（A）/半宽（H）/长度（L）/放弃（U）/宽度（W）］：（依次输入多段线端点坐标或直接在屏幕上使用鼠标点取 B）

　　指定下一点或［圆弧（A）/闭合（C）/半宽（H）/长度（L）/放弃（U）/宽度（W）］：W（输入 W 设置线条宽度）

　　指定起点宽度＜3.0000＞：5（输入起点宽度）

　　指定端点宽度＜5.0000＞：1（输入线条宽度与前面不一致）

　　指定下一点或［圆弧（A）/闭合（C）/半宽（H）/长度（L）/放弃（U）/宽度（W）］：（指定下一点位置 C）

　　……

　　指定下一点或［圆弧（A）/闭合（C）/半宽（H）/长度（L）/放弃（U）/宽度（W）］：（指定下一点位置）

　　指定下一点或［圆弧（A）/闭合（C）/半宽（H）/长度（L）/放弃（U）/宽度（W）］：

（回车结束操作）

（3）带箭头的注释引线线条

绘制带箭头的注释引线线条，可以使用 LEADER 命令快速实现，具体绘制方法如下，如图 3.16 所示。

① 直线引线绘制，如图 3.17（a）所示。

命令：LEADER

指定引线起点：

指定下一点：

指定下一点或［注释（A）/格式（F）/放弃（U）］＜注释＞：（回车）

指定下一点或［注释（A）/格式（F）/放弃（U）］＜注释＞：（回车）

输入注释文字的第一行或＜选项＞：（回车）

输入注释选项［公差（T）/副本（C）/块（B）/无（N）/多行文字（M）］＜多行文字＞：（回车输入文字内容"ABC"）

② 直线引线绘制，如图 3.17（b）所示。

命令：LEADER

指定引线起点：

指定下一点：

指定下一点或［注释（A）/格式（F）/放弃（U）］＜注释＞：F（输入 F）

输入引线格式选项［样条曲线（S）/直线（ST）/箭头（A）/无（N）］＜退出＞：S（输入 S）

指定下一点或［注释（A）/格式（F）/放弃（U）］＜注释＞：（回车）

输入注释文字的第一行或＜选项＞：（回车）

输入注释选项［公差（T）/副本（C）/块（B）/无（N）/多行文字（M）］＜多行文字＞：（回车输入文字内容"ABC"）

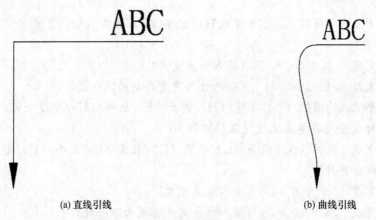

(a) 直线引线　　　　　　(b) 曲线引线

图 3.17　带箭头的注释引线线条绘制

3.2　常见平面图形 CAD 快速绘制

AutoCAD 提供了一些可以直接绘制得到的基本的平面图形，包括圆形、矩形、椭圆形和正多边形等基本图形。

3.2.1　圆形和椭圆形绘制

（1）绘制圆形

常常使用到的 AutoCAD 基本图形是圆形，其 AutoCAD 绘制命令是 CIRCLE（缩略为 C）。启动 CIRCLE 命令可以通过以下 3 种方式。

→ 打开"绘图"下拉菜单选择"圆形"命令选项。

→ 单击"绘图"工具栏上的"圆形"命令图标。

→ 在"命令："命令行提示下直接输入 CIRCLE 或 C 命令。

可以通过中心点或圆周上三点中的一点创建圆，还可以选择与圆相切的对象。以在"命令："直接输入 CIRCLE 命令为例，说明圆形的绘制方法，如图 3.18 所示。

图 3.18　绘制圆形

命令：CIRCLE（绘制圆形）

指定圆的圆心或［三点（3P）/两点（2P）/相切、相切、半径（T）］：（指定圆心点位置 O）

指定圆的半径或［直径（D）］＜20.000＞：50（输入圆形半径或在屏幕上直接点取）

（2）绘制椭圆形

椭圆形的 AutoCAD 绘制命令与椭圆曲线是一致的，均是 ELLIPSE（缩略为 EL）命令。

启动 ELLIPSE 命令可以通过以下 3 种方式。

→ 打开"绘图"下拉菜单选择"椭圆形"命令选项。

→ 单击"绘图"工具栏上的"椭圆形"命令图标。

→ 在"命令："命令行提示下直接输入 ELLIPSE 或 EL 命令。

以在"命令："直接输入 ELLIPSE 命令为例，说明椭圆形的绘制方法，如图 3.19 所示。

图 3.19　绘制椭圆形

命令：ELLIPSE（绘制椭圆形）

指定椭圆的轴端点或［圆弧（A）/中心点（C）］：（指定一个椭圆形轴线端点 A）

指定轴的另一个端点：（指定该椭圆形轴线另外一个端点 B）

指定另一条半轴长度或［旋转（R）］：（指定与另外一个椭圆轴线长度距离 OC）

3.2.2　矩形和正方形绘制

（1）绘制矩形

矩形是最为常见的基本图形，其 AutoCAD 绘制命令是 RECTANG 或 RECTANGLE（缩略为 REC）。当使用指定的点作为对角点创建矩形，矩形的边与当前 UCS 的 X 或 Y 轴平行。

启动 RECTANG 命令可以通过以下 3 种方式。

→ 打开"绘图"下拉菜单选择"矩形"命令选项。

→ 单击"绘图"工具栏上的"矩形"命令图标。

图 3.20 绘制矩形

→ 在"命令："命令行提示下直接输入 RECTANG 或 REC 命令。

使用长和宽创建矩形时，第 2 个指定点将矩形定位在与第一角点相关的四个位置之一内。以在"命令："直接输入 RECTANG 命令为例，说明矩形的绘制方法，如图 3.20 所示。

命令：RECTANG（绘制矩形）

指定第一个角点或［倒角（C）/标高（E）/圆角（F）/厚度（T）/宽度（W）］：

指定另一个角点或［面积（A）/尺寸（D）/旋转（R）］：D（输入 D 指定尺寸）

指定矩形的长度＜0.0000＞：1000（输入矩形的长度）

指定矩形的宽度＜0.0000＞：1500（输入矩形的宽度）

指定另一个角点或［面积（A）/尺寸（D）/旋转（R）］：（移动光标以显示矩形可能的四个位置之一并单击需要的一个位置）

（2）绘制正方形

绘制正方形可以使用 AutoCAD 的绘制正多边形命令 POLYGON 或绘制矩形命令 RECTANG。启动命令可以通过以下 3 种方式。

→ 打开"绘图"下拉菜单选择"正多边形"或"矩形"命令选项。

→ 单击"绘图"工具栏上的"正多边形"或"矩形"命令图标。

→ 在"命令："命令行提示下直接输入 POLYGON 或 RECTANG 命令。

以在"命令："直接输入 POLYGON 或 RECTANG 命令为例，说明等边多边形的绘制方法。如图 3.21 所示。

① 命令：RECTANG（绘制正方形）

指定第一个角点或［倒角（C）/标高（E）/圆角（F）/厚度（T）/宽度（W）］：

图 3.21 绘制正方形

指定另一个角点或［面积（A）/尺寸（D）/旋转（R）］：D（输入 D 指定尺寸）

指定矩形的长度＜0.0000＞：1000（输入正方形的长度）

指定矩形的宽度＜0.0000＞：1000（输入正方形的宽度）

指定另一个角点或［面积（A）/尺寸（D）/旋转（R）］：（移动光标以显示矩形可能的四个位置之一并单击需要的一个位置）

② 命令：POLYGON（绘制正方形）

输入边的数目＜4＞：4（输入正方形边数）

指定正多边形的中心点或［边（E）］：E（输入 E 绘制正方形）

指定边的第一个端点：（在屏幕上指定边的第一个端点位置）

指定边的第二个端点：50（输入正方形边长长度，若输入"－50"，是负值，其位置相反）

3.2.3 圆环和螺旋线绘制

（1）绘制圆环

圆环是由宽弧线段组成的闭合多段线构成的。圆环具有内径和外径的图形，可以认为是圆形的一种特例，如果指定内径为零，则圆环成为填充圆，其 AutoCAD 功能命令是 DO-

NUT。圆环内的填充图案取决于 FILL 命令的当前设置。

启动命令可以通过以下 2 种方式。

↱ 打开"绘图"下拉菜单选择"圆环"命令选项。

↱ 在"命令："命令行提示下直接输入 DONUT 命令。

AutoCAD 根据中心点来设置圆环的位置。指定内径和外径之后，AutoCAD 提示用户输入绘制圆环的位置。以在"命令："直接输入 DONUT 命令为例，说明等圆环的绘制方法，如图 3.22 所示。

图 3.22　绘制圆环

命令：DONUT（绘制圆环）

指定圆环的内径＜0.5000＞：20（输入圆环内半径）

指定圆环的外径＜1.0000＞：50（输入圆环外半径）

指定圆环的中心点或＜退出＞：（在屏幕上点取圆环的中心点位置 O）

指定圆环的中心点或＜退出＞：（指定下一个圆环的中心点位置）

……

指定圆环的中心点或＜退出＞：（回车）

若先将填充（FILL）命令关闭，再绘制圆环，则圆环以线框显示，如图 3.23 所示。

① 关闭填充命令

命令：FILL（填充控制命令）

输入模式［开（ON）/ 关（OFF）］＜开＞：OFF（输入 OFF 关闭填充）

② 绘制圆环

命令：DONUT（绘制圆环）

指定圆环的内径＜10.5000＞：50（输入圆环内半径）

指定圆环的外径＜15.0000＞：150（输入圆环外半径）

图 3.23　圆环以线框显示

指定圆环的中心点或＜退出＞：（在屏幕上点取圆环的中心点位置 O）

指定圆环的中心点或＜退出＞：（指定下一个圆环的中心点位置）

……

指定圆环的中心点或＜退出＞：（回车）

（2）绘制螺旋

螺旋就是开口的二维或三维螺旋（可以通过 SWEEP 命令将螺旋用作路径。例如，可以沿着螺旋路径来扫掠圆，以创建弹簧实体模型，在此略，如图 3.24 所示）。其 AutoCAD 功能命令是 HELIX。螺旋是真实螺旋的样条曲线近似，长度值可能不十分准确。

如果指定一个值来同时作为底面半径和顶面半径，将创建圆柱形螺旋。默认情况下，为顶面半径和底面半径设置的值相同。不能指定 0 来同时作为底面半径和顶面半径。如果指定不同的值来作为顶面半径和底面半径，将创建圆锥形螺旋。如果指定的高度值为 0，则将创建扁平的二维螺旋。

启动螺旋命令可以通过以下 2 种方式。

↱ 打开"绘图"下拉菜单选择"螺旋"命令选项。

↱ 在"命令："命令行提示下直接输入 HELIX 命令。

以在"命令："直接输入 HELIX 命令为例，说明二维螺旋的绘制方法，如图 3.25 所示。

命令：HELIX（绘制二维螺旋）

圈数＝3.0000　　　扭曲＝CCW

指定底面的中心点：

指定底面半径或［直径（D）］＜14.3880＞：15

指定顶面半径或［直径（D）］＜15.0000＞：50

指定螺旋高度或［轴端点（A）/圈数（T）/圈高（H）/扭曲（W）］＜40.2430＞：T（输入 T 设置螺旋圈数）

输入圈数＜3.0000＞：6

指定螺旋高度或［轴端点（A）/圈数（T）/圈高（H）/扭曲（W）］＜40.2430＞：H（输入 H 指定的高度值）

指定圈间距＜13.4143＞：0（指定的高度值为 0，则将创建扁平的二维螺旋）

图 3.24　二、三维螺旋对比　　　　　　图 3.25　绘制二维螺旋

3.2.4　正多边形绘制和创建区域覆盖

（1）绘制正多边形

正多边形也称等边多边形，其 AutoCAD 绘制命令是 POLYGON，可以绘制包括正方形、等六边形等图形。当正多边形边数无限大时，其形状逼近圆形。正多边形是一种多段线对象，AutoCAD 以零宽度绘制多段线，并且没有切线信息。可以使用 PEDIT 命令修改这些值。

启动命令可以通过以下 3 种方式。

→ 打开"绘图"下拉菜单选择"正多边形"命令选项。

→ 单击"绘图"工具栏上的"正多边形"命令图标。

→ 在"命令："命令行提示下直接输入 POLYGON 命令。

以在"命令："直接输入 POLYGON 命令为例，说明等边多边形的绘制方法。

① 以内接圆确定等边多边形，如图 3.26 所示。内接于圆是指定外接圆的半径，正多边形的所有顶点都在此圆周上。

命令：POLYGON（绘制等边多边形）

输入边的数目＜4＞：6（输入等边多边形的边数）

指定正多边形的中心点或［边（E）］：（指定等边多边形中心点位置 O）

输入选项［内接于圆（I）/外切于圆（C）］＜I＞：I（输入 I 以内接圆确定等边多边形）

指定圆的半径：50（指定内接圆半径）

图 3.26　使用内接圆确定

② 以外切圆确定等边多边形，如图 3.27 所示。外切于圆是指定从正多边形中心点到各
边中点的距离。

命令：POLYGON（绘制等边多边形）

输入边的数目＜4＞：6（输入等边多边形的边数）

指定正多边形的中心点或［边（E）］：（指定等边多边形

中心点位置 O）

输入选项［内接于圆（I）/外切于圆（C）］＜I＞：C（输

入 C 以外切圆确定等边多边形）

指定圆的半径：50（指定外切圆半径）

图 3.27　使用外切圆确定

（2）创建区域覆盖图形

使用区域覆盖对象可以在现有对象上生成一个空白区域，用于添加注释或详细的屏蔽信
息。区域覆盖对象是一块多边形区域，它可以使用当前背景色屏蔽底层的对象。此区域以区
域覆盖线框为边框，可以打开此区域进行编辑，也可以关闭此区域进行打印。通过使用一系
列点来指定多边形的区域可以创建区域覆盖对象，也可以将闭合多段线转换成区域覆盖对
象。如图 3.28 所示。

创建多边形区域的 AutoCAD 命令是 WIPEOUT。启动命令可以通过以下 2 种方式，其
绘制方法如下所述，如图 3.29 所示。

图 3.28　区域覆盖效果　　　　　　图 3.29　绘制区域覆盖

→ 打开"绘图"下拉菜单选择"区域覆盖"命令选项。

→ 在"命令："直接输入 WIPEOUT 命令。

命令：WIPEOUT（创建多边形区域）

指定第一点或［边框（F）/多段线（P）］＜多段线＞：（指定多边形区域的起点 A 位置）

指定下一点：（指定多边形区域下一点 B 位置）

指定下一点或［放弃（U）］：（指定多边形区域下一点 C 位置）

指定下一点或［闭合（C）/放弃（U）］：（指定多边形区域下一点 D 位置）

……

指定下一点或［闭合（C）/放弃（U）］：（回车结束）

3.3　常见 CAD 表格图形快速绘制

CAD 提供了多种方法绘制表格。一般可以通过如下两种方法完成表格绘制，即表格命
令及组合功能命令方法。

3.3.1　利用表格功能命令绘制表格

利用表格功能命令绘制表格的方法是使用 TABLE 等 CAD 功能命令进行绘制。

启动表格功能命令可以通过以下 3 种方式。

→　打开"绘图"下拉菜单选择"表格"命令选项。

→　单击"绘图"工具栏上的"表格"命令图标。

→　在"命令："命令行提示下直接输入 TABLE 命令。

以在"命令："直接输入 TABLE 命令为例，说明表格的绘制方法。

①　执行 TABLE 功能命令后，弹出"插入表格"对话框，设置相关的数值，包括表格的列数、列宽、行数、行高、单元样式等各种参数。

②　单击"确定"后要求在屏幕上指定表格位置，点击位置后要求输入表格标题栏文字内容，然后单击"确定"得到表格。

③　点击表格任意单元格，该单元格显示黄色，可以输入文字内容，如图 3.30 所示。

(a) 创建表格线

(b) 标注文字

图 3.30　绘制表格

④　在"插入表格"对话框中，可以点击表格启动"表格样式"对话框，在弹出的"修改表格样式"对话框中对表格进行修改。如图 3.31 所示。

图 3.31　修改表格样式

3.3.2　利用组合功能命令绘制表格

利用组合功能命令绘制表格的方法是使用 LINE（或 PLINE）、OFFSET、TRIM 及 MOVE、TEXT、MTEXT、SCALE 等 CAD 功能命令进行绘制（注：其中文字标注 MTEXT 等编辑命令的使用方法参见后面章节介绍）。

① 先使用 LINE 命令绘制水平和竖直方向的表格定位线。再按表格宽度、高度要求使用 OFFSET 进行偏移。如图 3.32 所示。

•命令：LINE

指定第一点：

指定下一点或［放弃（U）］：＜正交 开＞

指定下一点或［放弃（U）］：

•命令：OFFSET

当前设置：删除源＝否　图层＝源　OFFSETGAPTYPE＝0

指定偏移距离或［通过（T）/删除（E）/图层（L）］＜通过＞：　150

选择要偏移的对象，或［退出（E）/放弃（U）］＜退出＞：

指定要偏移的那一侧上的点，或［退出（E）/多个（M）/放弃（U）］＜退出＞：

选择要偏移的对象，或［退出（E）/放弃（U）］＜退出＞：

指定要偏移的那一侧上的点，或［退出（E）/多个（M）/放弃（U）］＜退出＞：

选择要偏移的对象，或［退出（E）/放弃（U）］＜退出＞：

图 3.32　绘制表格线条

② 使用 MTEXT 功能命令标注文字内容即可。位置可以使用 MOVE 功能命令调整。如图 3.33 所示。

图 3.33　绘制文字内容

•命令：MTEXT

当前文字样式："Standard"　文字高度：　2.5　注释性：　否

指定第一角点：

指定对角点或［高度（H）/对正（J）/行距（L）/旋转（R）/样式（S）/宽度（W）/栏（C）］：

•命令：MOVE

选择对象：找到 1 个

选择对象：

指定基点或［位移（D）］＜位移＞：

指定第二个点或＜使用第一个点作为位移＞：

3.4 复合 CAD 平面图形绘制

复合平面图形是指不能直接使用 AutoCAD 提供的基本命令一次生成的图形，但可以通过使用多个命令得到的组合图形。如图 3.34 所示的复合平面图形，由等多边形、圆形和弧线等构成。下面以此图为例介绍复合平面图形的绘制方法。其他类型的复合图形，同样可以按此方法进行绘制（注：其中使用到的部分编辑修改命令，在后面章节将详细论述）。

（1）使用 CIRCLE 绘制 2 个小同心圆，如图 3.35 所示。

→ 命令：CIRCLE（绘制 1 个小圆形）

指定圆的圆心或［三点（3P）/两点（2P）/相切、相切、半径（T）］：（指定圆心点位置）

指定圆的半径或［直径（D）］＜0.000＞：250（输入圆形半径或在屏幕上直接点取）

→ 命令：OFFSET（偏移得到同心圆）

当前设置：删除源＝否　图层＝源　OFFSETGAPTYPE＝0

指定偏移距离或［通过（T）/删除（E）/图层（L）］＜0.0000＞：　50

选择要偏移的对象，或［退出（E）/放弃（U）］＜退出＞：（回车）

指定要偏移的那一侧上的点，或［退出（E）/多个（M）/放弃（U）］＜退出＞：（指定要偏移的那一侧上的点）

选择要偏移的对象，或［退出（E）/放弃（U）］＜退出＞：（回车）

图 3.34　复杂平面图形

图 3.35　绘制 2 个小同心圆

（2）使用 POLYGON 命令建立 3 个等边八边形，其中心点位于圆心位置，如图 3.36 所示。

→ 命令：POLYGON（绘制等边多边形）

输入边的数目 ＜4＞：8（输入等边多边形的边数）

指定正多边形的中心点或［边（E）］：（指定等边多边形中心点位置）

输入选项［内接于圆（I）/外切于圆（C）］＜I＞：I（输入 I 以内接圆确定等边多边形）

指定圆的半径：1500（指定内接圆半径）

→ 命令：OFFSET（偏移得到同心等边八边形）

当前设置：删除源＝否　图层＝源　OFFSETGAPTYPE＝0

指定偏移距离或［通过（T）/删除（E）/图层（L）］＜0.0000＞：　50

选择要偏移的对象，或［退出（E）/放弃（U）］＜退出＞：（回车）

指定要偏移的那一侧上的点，或［退出（E）/多个（M）/放弃（U）］＜退出＞：（指定要偏移的那一侧上的点）

选择要偏移的对象，或［退出（E）/放弃（U）］＜退出＞：（回车）

（3）绘制 2 条弧线构成一个梭形状，如图 3.37 所示。

→ 命令：ARC（绘制弧线）

指定圆弧的起点或［圆心（C）］：（指定起始点位置）

指定圆弧的第二个点或［圆心（C）/端点（E）］：（指定中间点位置）

指定圆弧的端点：（指定起终点位置）

→ 命令：MIRROR（生成成对弧线）

找到 1 个（选择弧线）

指定镜像线的第一点：

指定镜像线的第二点：

要删除源对象吗？［是（Y）/否（N）］＜N＞：N（输入 N）

图 3.36　建立 3 个等边八边形

图 3.37　绘制 2 条弧线

（4）利用 CAD 阵列（ARRAY）功能，将梭形弧线造型进行环形阵列（使用 ARRAY-POLAR 功能命令），生成全部梭形图形。如图 3.38 所示。

命令：ARRAYPOLAR

选择对象：指定对角点：找到 2 个

选择对象：（回车）

类型＝极轴　关联＝是

指定阵列的中心点或［基点（B）/旋转轴（A）］：

输入项目数或［项目间角度（A）/表达式（E）］＜4＞：8

指定填充角度（＋＝逆时针、－＝顺时针）或［表达式（EX）］＜360＞：360

图 3.38　阵列生成全部梭形

按 Enter 键接受或［关联（AS）/基点（B）/项目（I）/项目间角度（A）/填充角度（F）/行（ROW）/层（L）/旋转项目（ROT）/退出（X）］<退出>：（回车）

（5）按上述相同方法，使用 ARC、TRIM、MOVE、ARRAY 等命令，绘制梭形夹角处的弧线，如图 3.39 所示。最后即可完成该复合平面图形绘制。

图 3.39　绘制夹角处弧线完成图形

3.5　AutoCAD 2017 特有的绘图功能

（1）定距等分

定距等分是指沿对象长度或周长按指定间隔创建点对象或块。其 AutoCAD 命令是 MEASURE。启动命令可以通过以下 2 种方式，其绘制方法如下所述。打开【绘图】下拉菜单选择【定距等分】命令选项。

→ 在"命令："行直接输入 MEASURE 命令。

→ 点击"默认"菜单下的绘图栏倒三角▼，选择"定距等分"即可。

命令：MEASURE

选择要定距等分的对象：

指定线段长度或［块（B）］：7.85

可以使用 DDPTYPE 命令设置点的样式及大小，从而更为直观观察等分效果，如图 3.40 所示。

图 3.40　定距等分

（2）修订云线（包括矩形修订云线、多边形修订云线、徒手画修订云线）

矩形修订云线是指通过绘制矩形创建修订云线图形。其 AutoCAD 命令是 REVCLOUD。启动命令可以通过以下 2 种方式，其绘制方法如下所述，如图 3.41 所示。打开【绘图】下拉菜单选择【定距等分】命令选项。执行 REVCLOUD 命令后按提示选项输入相应的命令，即可进行多边形修订云线、徒手画修订云线。

→ 在"命令："行直接输入 REVCLOUD 命令。

→ 点击"默认"菜单下的绘图栏倒三角▼，选择"矩形修订云线"即可。

命令：REVCLOUD

最小弧长：1.0000　最大弧长：1.0000　样式：普通　类型：矩形

指定第一个角点或［弧长（A）/对象（O）/矩形（R）/多边形（P）/徒手画（F）/样式（S）/修改（M）］＜对象＞：P

最小弧长：1.0000　最大弧长：1.0000　样式：普通　类型：多边形

指定起点或［弧长（A）/对象（O）/矩形（R）/多边形（P）/徒手画（F）/样式（S）/修改（M）］＜对象＞：

指定下一点：

指定下一点或［放弃（U）］：

指定下一点或［放弃（U）］：

指定下一点或［放弃（U）］：

指定下一点或［放弃（U）］：

指定下一点或［放弃（U）］：

命令：指定对角点或［栏选（F）/圈围（WP）/圈交（CP）］：

(a) 矩形　　　　　　　　　　(b) 多边形　　　　　　　　　　(c) 徒手画

图 3.41　修订云线

此功能除直接绘制修订云线外，还可以将闭合的图形转换为修订云线。如图 3.42 所示。

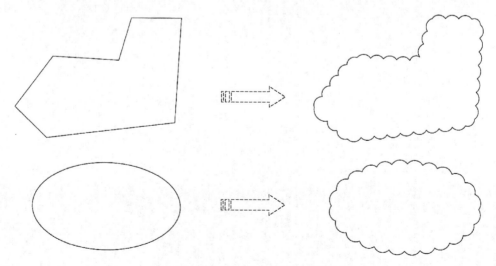

图 3.42　将闭合的图形转换为修订云线

命令：REVCLOUD

最小弧长：1.0000　最大弧长：1.0000　样式：普通　类型：矩形

指定第一个角点或 ［弧长（A）/对象（O）/矩形（R）/多边形（P）/徒手画（F）/样式（S）/修改（M）］＜对象＞：A

指定最小弧长＜1.0000＞：2

指定最大弧长＜2.0000＞：3

指定第一个角点或 ［弧长（A）/对象（O）/矩形（R）/多边形（P）/徒手画（F）/样式（S）/修改（M）］＜对象＞：O

选择对象：

反转方向 ［是（Y）/否（N）］＜否＞：N

修订云线完成。

第4章

建筑结构CAD图形修改和编辑基本方法

本章将详细阐述使用 AutoCAD 进行建筑结构设计绘图中的 CAD 图形修改和编辑功能的基本方法，包括删除、复制、移动、旋转、镜像和剪切等各种操作。AutoCAD 的编辑修改功能与其绘图功能一样强大，使用方便，用途广泛，是建筑结构设计绘图及其文件制作的好帮手。

4.1 建筑结构 CAD 图形常用编辑与修改方法

4.1.1 删除和复制图形

（1）删除图形

删除编辑功能的 AutoCAD 命令为 ERASE（缩略为 E）。启动删除命令可以通过以下 3 种方式。

→ 打开"修改"下拉菜单选择"删除"命令选项。

→ 单击"修改"工具栏上的"删除"命令图标。

→ 在"命令："命令行提示下直接输入 ERASE 或 E 命令。

选择图形对象后，可以按"Delete"按键同样可以删除图形对象，作用与 ERASE 一样。

以在"命令："直接输入 ERASE 或 E 命令为例，说明删除编辑功能的使用方法，如图 4.1 所示。

命令：ERASE（执行删除编辑功能）

选择对象：找到 1 个（依次选择要删除的图线）

选择对象：找到 1 个，总计 2 个

选择对象：找到 1 个，总计 3 个

选择对象：（回车，图形的一部分被删除）

图 4.1 删除编辑功能

（2）复制图形

要获得相同的图形对象，可以复制生成。复制编辑功能的 AutoCAD 命令为 COPY（缩略为 CO 或 CP）。启动复制命令可以通过以下 3 种方式。

→ 打开"修改"下拉菜单选择"复制"命令选项。

➔ 单击"修改"工具栏上的"复制"命令图标。

➔ 在"命令:"命令行提示下直接输入 COPY 或 CP 命令。

复制编辑操作有两种方式，即只复制一个图形对象和复制多个图形对象。以在"命令:"直接输入 COPY 或 CP 命令为例，说明复制编辑功能的使用方法，如图 4.2 所示。

① 命令：COPY（进行图形对象单一复制）

选择对象：找到 1 个

选择对象：

当前设置：复制模式＝多个

指定基点或［位移（D）/模式（O）］＜位移＞：

指定第二个点或［阵列（A）］＜使用第一个点作为位移＞：

指定第二个点或［阵列（A）/退出（E）/放弃（U）］＜退出＞：

……

指定第二个点或［阵列（A）/退出（E）/放弃（U）］＜退出＞：

② 命令：COPY（进行图形对象阵列复制）

选择对象：找到 1 个（选择图形）

选择对象：（回车）

当前设置：　复制模式＝多个

指定基点或［位移（D）/模式（O）］＜位移＞：（指定复制图形起点位置）

指定第二个点或［阵列（A）］＜使用第一个点作为位移＞：（进行复制，指定复制图形复制点位置）

指定第二个点或［阵列（A）/退出（E）/放弃（U）］＜退出＞：a（输入 A 指定在线性阵列中排列的副本数量，确定阵列相对于基点的距离和方向。默认情况下，阵列中的第一个副本将放置在指定的位移；其余的副本使用相同的增量位移放置在超出该点的线性阵列中）

输入要进行阵列的项目数：5

指定第二个点或［布满（F）］：

指定第二个点或［阵列（A）/退出（E）/放弃（U）］＜退出＞：

指定第二个点或［阵列（A）/退出（E）/放弃（U）］＜退出＞：（回车）

(a) 单一复制图形　　(b) 使用阵列多个复制

图 4.2　复制图形

4.1.2　镜像和偏移图形

（1）镜像图形

镜像编辑功能的 AutoCAD 命令为 MIRROR（缩略为 MI）。镜像生成的图形对象与原图形对象有某种对称关系（如左右对称、上下对称）。启动 MIRROR 命令可以通过以下 3 种方式。

→ 打开"修改"下拉菜单选择"镜像"命令选项。

→ 单击"修改"工具栏上的"镜像"命令图标。

→ 在"命令："命令行提示下直接输入 MIRROR 或 MI 命令。

镜像编辑操作有两种方式，即镜像后将源图形对象删除和镜像后将源图形对象保留。以在"命令："直接输入 MIRROR 或 MI 命令为例，说明镜像编辑功能的使用方法，如图 4.3 所示。

命令：MIRROR（进行镜像得到一个对称部分）

选择对象：找到 21 个（选择图形）

选择对象：（回车）

指定镜像线的第一点：（指定镜像第一点位置）

指定镜像线的第二点：（指定镜像第二点位置）

要删除源对象吗？［是（Y）/否（N）］＜N＞：N（输入 N 保留原有图形，输入 Y 删除原有图形）

图 4.3　不同方向镜像图形

（2）偏移图形

偏移编辑功能主要用来创建平行的图形对象，其命令为 OFFSET（缩略为 O）。启动 OFFSET 命令可以通过以下 3 种方式。

→ 打开"修改"下拉菜单选择"偏移"命令选项。

→ 单击"修改"工具栏上的"偏移"命令图标。

→ 在"命令："命令行提示下直接输入 OFFSET 或 O 命令。

以在"命令："直接输入 OFFSET 或 O 命令为例，说明偏移编辑功能的使用方法，如图 4.4 所示。在进行偏移编辑操作时，若输入的偏移距离或指定通过点位置过大，则得到的图形将有所变化，如图 4.5 所示。

命令：OFFSET（偏移生成形状相似的图形）

当前设置：删除源＝否　图层＝源　OFFSETGAPTYPE＝0

指定偏移距离或［通过（T）/删除（E）/图层（L）］＜0.0000＞：100（输入偏移距离

或指定通过点位置）

　　选择要偏移的对象，或［退出（E）/放弃（U）］＜退出＞：（选择要偏移的图形）

　　指定要偏移的那一侧上的点，或［退出（E）/多个（M）/放弃（U）］＜退出＞：（指定偏移方向位置）

　　选择要偏移的对象，或［退出（E）/放弃（U）］＜退出＞：（回车结束）

图 4.4　偏移编辑功能　　　　　　　图 4.5　偏移后图形改变

4.1.3　阵列与移动图形

（1）阵列图形

利用阵列编辑功能可以快速生成多个图形对象，其 AutoCAD 的命令为 ARRAY（缩略为 AR）命令。启动 ARRAY 命令可以通过以下 3 种方式。

→ 打开"修改"下拉菜单选择"阵列"命令选项。

→ 单击"修改"工具栏上的"阵列"命令图标。

→ 在"命令:"命令行提示下直接输入 ARRAY 或 AR 命令。

执行 ARRAY 命令后，AutoCAD 可以按矩形阵列图形对象、按路径阵列图形对象或按环形阵列图形对象。

以在"命令:"直接输入 ARRAY 或 AR 命令为例，说明阵列编辑功能的使用方法。

① 进行环形（极轴）阵列图形，如图 4.6 所示。

命令：ARRAY

选择对象：找到 1 个

选择对象：

输入阵列类型［矩形（R）/路径（PA）/极轴（PO）］＜极轴＞：po

类型＝极轴　关联＝是

图 4.6　环形（极轴）阵列图形

指定阵列的中心点或 [基点（B）/旋转轴（A）]：

输入项目数或 [项目间角度（A）/表达式（E）] <4>：6

指定填充角度（+=逆时针、-=顺时针）或 [表达式（EX）] <360>：360

按 Enter 键接受或 [关联（AS）/基点（B）/项目（I）/项目间角度（A）/填充角度（F）/行（ROW）/层（L）/旋转项目（ROT）/退出（X）] <退出>：（回车）

② 进行路径阵列（可以 ARRAYPATH 功能命令）图形，如图 4.7 所示。

命令：ARRAYPATH

选择对象：指定对角点：找到 14 个

选择对象：

类型 = 路径　关联 = 是

选择路径曲线：

输入沿路径的项数或 [方向（O）/表达式（E）] <方向>：6

指定沿路径的项目之间的距离或 [定数等分（D）/总距离（T）/表达式（E）] <沿路径平均定数等分（D）>：D

按 Enter 键接受或 [关联（AS）/基点（B）/项目（I）/行（R）/层（L）/对齐项目（A）/Z 方向（Z）/退出（X）] <退出>：

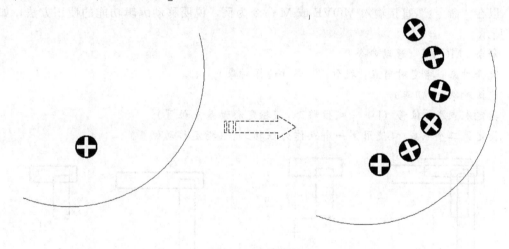

图 4.7　路径阵列

③ 进行矩形阵列（可以使用 arrayrect 功能命令）图形，如图 4.8 所示。

命令：ARRAYRECT

选择对象：指定对角点：找到 14 个

选择对象：

类型 = 矩形　关联 = 是

为项目数指定对角点或 [基点（B）/角度（A）/计数（C）] <计数>：c

输入行数或 [表达式（E）] <4>：4

输入列数或 [表达式（E）] <4>：3

指定对角点以间隔项目或 [间距（S）] <间距>：200

按 Enter 键接受或 [关联（AS）/基点（B）/行（R）/列（C）/层（L）/退出（X）] <退出>：

图 4.8　矩形阵列

（2）移动图形

移动编辑功能的 AutoCAD 命令为 MOVE（缩略为 M）。启动 MOVE 命令可以通过以下 3 种方式。

→ 打开"修改"下拉菜单选择"移动"命令选项。

→ 单击"修改"工具栏上的"移动"命令图标。

→ 在"命令:"命令行提示下直接输入 MOVE 或 M 命令。

以在"命令:"直接输入 MOVE 或 M 命令为例，说明移动编辑功能的使用方法，如图 4.9 所示。

命令：MOVE（移动命令）

选择对象：指定对角点：找到 22 个（选择对象）

选择对象：（回车）

指定基点或［位移（D）］＜位移＞：（指定移动基点位置）

指定第二个点或 ＜使用第一个点作为位移＞：（指定移动位置）

(a) 移动进行中　　　　　　　　　(b) 移动结果

图 4.9　移动图形

4.1.4　旋转与拉伸图形

（1）旋转图形

旋转编辑功能的 AutoCAD 命令为 ROTATE（缩略为 RO）。启动 ROTATE 命令可以通过以下 3 种方式。

→ 打开"修改"下拉菜单选择"旋转"命令选项。

→ 单击"修改"工具栏上的"旋转"命令图标。

→ 在"命令:"命令行提示下直接输入 ROTATE 或 RO 命令。

输入旋转角度若为正值（＋），则对象逆时针旋转。输入旋转角度若为负值（－），则对象顺时针旋转。以在"命令:"直接输入 ROTATE 或 RO 命令为例，说明旋转编辑功能的使用方法，如图 4.10 所示。

命令：ROTATE（将图形对象进行旋转）

UCS 当前的正角方向：　ANGDIR＝逆时针　ANGBASE＝0

选择对象：找到 1 个（选择图形）

选择对象：（回车）

指定基点：（指定旋转基点）

指定旋转角度，或［复制（C）/参照（R）］＜0＞：　60（输入旋转角度为负值按顺时针旋转，若输入为正值则按逆时针旋转）

图 4.10　旋转图形

（2）拉伸图形

拉伸编辑功能的 AutoCAD 命令为 STRETCH（缩略为 S）。启动 STRETCH 命令可以通过以下 3 种方式。

→ 打开"修改"下拉菜单选择"拉伸"命令选项。

→ 单击"修改"工具栏上的"拉伸"命令图标。

→ 在"命令："命令行提示下直接输入 STRETCH 或 S 命令。

以在"命令："直接输入 STRETCH 或 S 命令为例，说明拉伸编辑功能的使用方法，如图 4.11 所示。

命令：STRETCH（将图形对象进行拉伸）

以交叉窗口或交叉多边形选择要拉伸的对象…

选择对象：指定对角点：找到 1 个（以穿越方式选择图形）

选择对象：（回车）

指定基点或［位移（D）］＜位移＞：（指定拉伸基点）

指定第二个点或＜使用第一个点作为位移＞：（指定拉伸位置点）

图 4.11　拉伸图形

4.1.5　分解与打断图形

（1）分解图形

AutoCAD 提供了将图形对象分解的功能命令 EXPLODE（缩略为 X）。EXPLODE 命令可以将多段线、多行线、图块、填充图案和标注尺寸等从创建时的状态转换或化解为独立的对象。许多图形无法编辑修改时，可以试一试分解功能命令，或许会有帮助。但图形分解保存退出文件后不能复原的。注意：若线条是具有一定宽度的多段线，分解后宽度为默认的 0 宽度线条。

启动 EXPLODE 命令可以通过以下 3 种方式。

→ 打开"修改"下拉菜单中的"分解"命令。

→ 单击"修改"工具栏上的"分解"图标按钮。

→ 在"命令："提示符下输入 EXPLODE 或 X 并回车。

按上述方法激活 EXPLODE 命令后，AutoCAD 操作提示如下，如图 4.12 所示。

命令：EXPLODE

选择对象：指定对角点：找到 1 个（选择多段线）

选择对象：（选择要分解的多段线对象，回车后选中的多段线对象将被分解成多个直线段）

图 4.12　分解图形对象

（2）打断图形

打断编辑功能的 AutoCAD 命令为 BREAK（缩略为 BR）。启动 BREAK 命令可以通过以下 3 种方式。

→ 打开"修改"下拉菜单选择"打断"命令选项。

→ 单击"修改"工具栏上的"打断"命令图标。

→ 在"命令："命令行提示下直接输入 BREAK 或 BR 命令。

以在"命令："直接输入 BREAK 或 BR 命令为例，说明打断编辑功能的使用方法，如图 4.13 所示。

命令：BREAK（将图形对象打断）

选择对象：（选择对象）

指定第二个打断点 或 [第一点（F）]：（指定第 2 点位置）

图 4.13　打断编辑功能

4.1.6　修剪与延伸图形

（1）修剪图形

剪切编辑功能的 AutoCAD 命令为 TRIM（缩略为 TR）。启动 TRIM 命令可以通过以下 3 种方式。

→ 打开"修改"下拉菜单选择"修剪"命令选项。

→ 单击"修改"工具栏上的"修剪"命令图标。

→ 在"命令:"命令行提示下直接输入 TRIM 或 TR 命令。

以在"命令:"直接输入 TRIM 或 TR 命令为例，说明修剪编辑功能的使用方法，如图 4.14 所示。

命令：TRIM（对图形对象进行修剪）

当前设置：投影＝UCS，边＝无

选择剪切边…

选择对象或＜全部选择＞：　找到 1 个（选择修剪边界）

选择对象：（回车）

选择要修剪的对象，或按住 Shift 键选择要延伸的对象，或

图 4.14　修剪图形

95

［栏选（F）/窗交（C）/投影（P）/边（E）/删除（R）/放弃（U）］：（选择修剪对象）

选择要修剪的对象，或按住 Shift 键选择要延伸的对象，或

［栏选（F）/窗交（C）/投影（P）/边（E）/删除（R）/放弃（U）］：（回车）

（2）延伸图形

延伸编辑功能的 AutoCAD 命令为 EXTEND（缩略为 EX）。启动 EXTEND 命令可以通过以下 3 种方式。

→ 打开"修改"下拉菜单选择"延伸"命令选项。

→ 单击"修改"工具栏上的"延伸"命令图标。

→ 在"命令："命令行提示下直接输入 EXTEND 或 EX 命令。

以在"命令："直接输入 EXTEND 或 EX 命令为例，说明延伸编辑功能的使用方法，如图 4.15 所示。

命令：EXTEND（对图形对象进行延伸）

当前设置：投影＝UCS，边＝无

选择边界的边…

选择对象或＜全部选择＞： 找到 1 个（选择延伸边界）

选择对象：（回车）

选择要延伸的对象，或按住 Shift 键选择要修剪的对象，或

［栏选（F）/窗交（C）/投影（P）/边（E）/放弃（U）］：（选择延伸对象）

选择要延伸的对象，或按住 Shift 键选择要修剪的对象，或

［栏选（F）/窗交（C）/投影（P）/边（E）/放弃（U）］：（回车）

图 4.15　延伸图形

4.1.7　图形倒角与圆角

（1）图形倒角

倒角编辑功能的 AutoCAD 命令为 CHAMFER（缩略为 CHA）。启动 EXTEND 命令可以通过以下 3 种方式。

→ 打开"修改"下拉菜单选择"倒角"命令选项。

→ 单击"修改"工具栏上的"倒角"命令图标。

→ 在"命令："命令行提示下直接输入 CHAMFER 或 CHA 命令。

以在"命令："直接输入 CHAMFER 或 CHA 命令为例，说明倒直角编辑功能的使用方法，如图 4.16 所示。若倒直角距离太大或过小，则不能进行倒直角编辑操作。倒角距离可以相同，也可以不相同，根据图形需要设置。当两条线段还没有相遇在一起，设置倒角距离为 0，则执行倒直角编辑后将延伸直至二者重合。如图 4.17 所示。

命令：CHAMFER（对图形对象进行倒角）

图 4.16　图形倒角

(a) 倒角距离

(b) 不同倒角距离

图 4.17　图形倒角修改效果

（"修剪"模式）当前倒角距离 1＝0.0000，距离 2＝0.0000

选择第一条直线或［放弃（U）/多段线（P）/距离（D）/角度（A）/修剪（T）/方式（E）/多个（M）］：D（输入 D 设置倒直角距离大小）

指定第一个倒角距离＜0.0000＞：5（输入第 1 个距离）

指定第二个倒角距离＜0.0000＞：5（输入第 2 个距离）

选择第一条直线或［放弃（U）/多段线（P）/距离（D）/角度（A）/修剪（T）/方式（E）/多个（M）］：（选择第 1 条倒直角对象边界）

选择第二条直线，或按住 Shift 键选择要应用角点的直线：（选择第 2 条倒直角对象边界）

（2）图形圆角

倒圆角编辑功能的 AutoCAD 命令为 FILLET（缩略为 F）。启动 FILLET 命令可以通过以下 3 种方式。

→ 打开"修改"下拉菜单选择"圆角"命令选项。

→ 单击"修改"工具栏上的"圆角"命令图标。

→ 在"命令:"命令行提示下直接输入 FILLET 或 F 命令。

以在"命令:"直接输入 FILLET 或 F 命令为例，说明倒圆角编辑功能的使用方法，如

图 4.18 所示。若倒圆角半径太大或过小，则不能进行倒圆角编辑操作。当 2 条线段还没有相遇在一起，设置倒角半径为 0，执行倒圆角编辑后将延伸直至二者重合。如图 4.19 所示。

命令：FILLET（对图形对象进行倒圆角）

当前设置：模式＝修剪，半径＝0.0000

选择第一个对象或［放弃（U）/多段线（P）/半径（R）/修剪（T）/多个（M）］：R（输入 R 设置倒圆角半径大小）

指定圆角半径 ＜0.0000＞：5（输入半径大小）

选择第一个对象或［放弃（U）/多段线（P）/半径（R）/修剪（T）/多个（M）］：（选择第 1 条倒圆角对象边界）

选择第二个对象，或按住 Shift 键选择要应用角点的对象：（选择第 2 条倒圆角对象边界）

图 4.18　图形倒圆角

(a) 倒圆角半径大小

(b) 不同倒角半径

图 4.19　图形倒圆角修改

4.1.8　缩放（放大与缩小）图形

放大与缩小（即缩放）编辑功能的 AutoCAD 命令均为 SCALE（缩略为 SC）。启动 SCALE 命令可以通过以下 3 种方式。

→ 打开"修改"下拉菜单选择"缩放"命令选项。

→ 单击"修改"工具栏上的"缩放"命令图标。

→ 在"命令:"命令行提示下直接输入 SCALE 或 SC 命令。

所有图形在同一操作下是等比例进行缩放的。输入缩放比例小于 1，则对象被缩小相应倍数。输入缩放比例大于 1，则对象被放大相应倍数。以在"命令:"直接输入 SCALE 或 SC 命令为例，说明缩放编辑功能的使用方法，如图 4.20 所示。

命令: SCALE（等比例缩放）

选择对象: 找到 1 个（选择图形）

选择对象:（回车）

指定基点:（指定缩放基点）

指定比例因子或［复制（C)/参照（R）］<1.5000>: 2（输入缩放比例）

图 4.20　缩放图形

4.1.9　拉长图形

拉长编辑功能的 AutoCAD 命令均为 LENGTHEN（缩略为 LEN），可以将更改指定为百分比、增量或最终长度或角度，使用 LENGTHEN 即使用 TRIM 和 EXTEND 其中之一。此功能命令仅适用于 LINE 或 ARC 绘制的线条，对 PLINE、SPLINE 绘制的线条不能使用。启动 SCALE 命令可以通过以下 3 种方式。

→ 打开"修改"下拉菜单选择"拉长"命令选项。

→ 单击"修改"工具栏上的"拉长"命令图标。

→ 在"命令:"命令行提示下直接输入 LENGTHEN 或 LEN 命令。

所有图形输入数值小于 1，则对象被缩短相应倍数。输入数值大于 1，则对象被拉长相应倍数。以在"命令:"直接输入 LENGTHEN 或 LEN 命令为例，说明拉长编辑功能的使用方法，如图 4.21 所示。

命令: LENGTHEN（拉长图形）

选择对象或［增量（DE)/百分数（P)/全部（T)/动态（DY）］: P（指定为百分比）

输入长度百分数 ＜0.0000＞：200

选择要修改的对象或［放弃（U）］：（选择要修改的图形）

选择要修改的对象或［放弃（U）］：

……

选择要修改的对象或［放弃（U）］：（回车）

另外，点击方向与拉长或缩短方向有关，点击线段那端则向该端方向拉长或缩短。如图4.22所示。

图 4.21　拉长图形　　　　　　　　　图 4.22　拉长图形方向

4.2　图形其他编辑和修改方法

除了复制、偏移、移动和修剪等基本编辑修改功能外，AutoCAD 提供了一些特殊的编辑与修改图形方法，包括多段线和样条曲线的编辑、取消和恢复操作步骤、对象属性的编辑等方法。

4.2.1　放弃和重做（取消和恢复）操作

在绘制或编辑图形时，常常会遇到错误或不合适的操作要取消或者想返回到前面的操作步骤状态中。AutoCAD 提供了几个相关的功能命令，可以实现前面的绘图操作要求。

（1）逐步取消操作（U）

U 命令的功能是取消前一步命令操作及其所产生的结果，同时显示该次操作命令的名称。启动 U 命令可以通过以下 4 种方式。

→ 打开"编辑"下拉菜单选择"放弃（U）""＊＊＊＊""命令选项，其中"＊＊＊＊"代表前一步操作功能命令。

图 4.23　U 命令编辑功能

→ 单击"标准"工具栏上的"放弃"命令图标。

→ 在"命令："命令行提示下直接输入 U 命令。

→ 使用快捷键"Ctrl"+"Z"。

按上述方法执行 U 命令后即可取消前一步命令操作及其所产生的结果，若继续按"Enter"按键，则会逐步返回到操作刚打开（开始）时的图形状态。以在"命令："直接输入 U 命令为例，说明 U 命令编辑功能的使用方法，如图 4.23 所示。

命令：U

RECTANG

（2）限次取消操作（UNDO）

UNDO 命令的功能与 U 基本相同，主要区别在于 UNDO 命令可以取消指定数量的前面一组命令操作及其所产生的结果，同时也显示有关操作命令的名称。启动 UNDO 命令可以通过在"命令："命令行提示下直接输入 UNDO 命令。

执行 UNDO 命令后，AutoCAD 提示：

命令：UNDO

当前设置：自动＝开，控制＝全部，合并＝是，图层＝是

输入要放弃的操作数目或［自动（A）/控制（C）/开始（BE）/结束（E）/标记（M）/后退（B）］＜1＞：2

GROUP ERASE

（3）恢复操作（REDO）

REDO 功能命令允许恢复上一个 U 或 UNDO 所作的取消操作。要恢复上一个 U 或 UNDO 所作的取消操作，必须在该取消操作进行后立即执行，即 REDO 必须在 U 或 UNDO 命令后立即执行。

启动 REDO 命令可以通过以下 4 种方式。

→ 打开"编辑"下拉菜单选择"重做（R）＊＊＊"命令选项，其中"＊＊＊"代表前一步取消的操作功能命令。

→ 单击"标准"工具栏上的"重做"命令图标。

→ 在"命令："命令行提示下直接输入 REDO 命令。

→ 使用快捷键"Ctrl"＋"Y"。

4.2.2　对象特性的编辑和特性匹配

（1）编辑对象特性

对象特性是指图形对象所具有的全部特点和特征参数，包括颜色、线型、尺寸大小、角度、质量和重心等一系列性质。属性编辑功能的 AutoCAD 命令为 PROPERTIES（缩略为 PROPS）。启动 PROPERTIES 命令可以通过以下 5 种方式。

→ 打开"修改"下拉菜单选择"特性"命令选项。

→ 单击"标准"工具栏上的"特性"命令图标。

→ 在"命令："命令行提示下直接输入 PROPERTIES 命令。

→ 使用快捷键"Ctrl"＋"1"。

→ 选择图形对象后单击鼠标右键，在屏幕上弹出的快捷菜单中选择特性（Properties）命令选项。

按上述方法执行属性编辑功能命令后，AutoCAD 将弹出 Properties 对话框。如图 4.24 所示。在该对话框中，可以单击要修改的属性参数所在行的右侧，直接进行修改或在出现的一个下拉菜单选择需要的参数。如图 4.25 所示。可以修改的参数包括颜色、图层、线型、线型比例、线宽、坐标和长度、角度等各项相关指标。

图 4.24　特性对话框

图 4.25　修改参数
（颜色）

（2）特性匹配

特性匹配是指将所选图形对象的属性复制到另外一个图形对象上，使其具有相同的某些参数特征。特性匹配编辑功能的 AutoCAD 命令为 MATCHPROP（缩略为 MA）。启动 MATCHPROP 命令可以通过以下 3 种方式。

→ 打开"修改"下拉菜单选择"特性匹配"命令选项。

→ 单击"标准"工具栏上的"特性匹配"命令图标。

→ 在"命令："命令行提示下直接输入 MATCHPROP 命令。

执行该命令后，光标变为一个刷子形状，使用该刷子即可进行特性匹配。

以在"命令："直接输入 MATCHPROP 命令为例，说明特性匹配编辑功能的使用方法，如图 4.26 所示。

命令：MATCHPROP（特性匹配）

当前活动设置：颜色 图层 线型 线型比例 线宽 厚度 打印样式 文字 标注 填充图案

选择目标对象或［设置（S）］：（使用该刷子选择源特性匹配图形对象）

选择目标对象或［设置（S）］：（使用该刷子即可进行特性匹配）

……

选择目标对象或［设置（S）］：（回车）

图 4.26　进行特性匹配（文字）

4.2.3　多段线和样条曲线的编辑

多段线和样条曲线编辑修改，需使用其专用编辑命令。

（1）多段线编辑修改

多段线专用编辑命令是 PEDIT，启动 PEDIT 编辑命令可以通过以下 4 种方式。

→ 打开"修改"下拉菜单中的"对象"子菜单，选择其中的"多段线"命令。

→ 单击"修改 II"工具栏上的"编辑多段线"按钮。

→ 在"命令："命令提示行下直接输入命令 PEDIT。

→ 用鼠标选择多义线后，在绘图区域内单击鼠标右键，然后在弹出的快捷菜单上选择多段线命令。

以在"命令:"直接输入 PEDIT 命令为例，说明多段线的编辑修改方法，如图 4.27 所示。

命令: PEDIT（输入编辑命令）

选择多段线或［多条（M）］:（选择多段线）

输入选项［闭合（C）/合并（J）/宽度（W）/编辑顶点（E）/拟合（F）/样条曲线（S）/非曲线化（D）/线型生成（L）/反转（R）/放弃（U）］: W（输入 W 编辑宽度）

指定所有线段的新宽度: 150（输入宽度）

输入选项［闭合（C）/合并（J）/宽度（W）/编辑顶点（E）/拟合（F）/样条曲线（S）/非曲线化（D）/线型生成（L）/反转（R）/放弃（U）］:（回车）

（2）样条曲线编辑修改

样条曲线专用编辑命令是 SPLINEDIT，启动 SPLINEDIT 编辑命令可以通过以下 4 种方式。

→ 打开"修改"下拉菜单中的"对象"子菜单，选择其中的"样条曲线"命令。

→ 单击"修改 II"工具栏上的"编辑样条曲线"按钮。

→ 在"命令:"提示下输入命令 SPLINEDIT。

→ 用鼠标选择多义线后，在绘图区域内单击鼠标右键，然后在弹出的快捷菜单上选择样条曲线命令。

以在"命令:"直接输入 SPLINEDIT 命令为例，说明样条曲线的编辑修改方法，如图 4.28 所示。

命令: SPLINEDIT（编辑样条曲线）

选择样条曲线:（选择样条曲线图形）

输入选项［拟合数据（F）/闭合（C）/移动顶点（M）/优化（R）/反转（E）/转换为多段线（P）/放弃（U）］: p（输入 P 转换为多段线）

指定精度＜99＞: 0

图 4.27　多段线编辑　　　　图 4.28　样条曲线编辑

4.2.4　多线的编辑

多线专用编辑命令是 MLEDIT，启动 MLEDIT 编辑命令可以通过以下 2 种方式。

→ 打开"修改"下拉菜单中的"对象"子菜单，选择其中的"多线"命令。

→ 在"命令:"提示下输入命令 MLEDIT。

按上述方法执行 MLEDIT 编辑命令后，AutoCAD 弹出一个多线编辑工具对话框，如图

4.29 所示。若单击其中的一个图标，则表示使用该种方式进行多行线编辑操作。

以在"命令："直接输入 MLEDIT 命令为例，说明多行线的编辑修改方法。

（1）十字交叉多行线编辑，单击对话框中的十字打开图标，如图 4.30 所示。

命令：MLEDIT

选择第一条多线：

选择第二条多线：

选择第一条多线或［放弃（U）］：

图 4.29　多线编辑工具

图 4.30　十字交叉多行线编辑

（2）T 型交叉多行线编辑，单击对话框中的 T 型闭合图标，如图 4.31 所示。

命令：MLEDIT

选择第一条多线：

选择第二条多线：

选择第一条多线或［放弃（U）］：

（3）多行线的角点和顶点编辑，单击对话框中的角点结合图标，如图 4.32 所示。

命令：MLEDIT

选择第一条多线：

选择第二条多线：

选择第一条多线或［放弃（U）］：

图 4.31　T 型闭合

图 4.32　角点结合

4.2.5　图案的填充与编辑方法

图案的填充功能是指某种有规律的图案填充到其他图形整个或局部区域中，所使用的填充图案一般为 AutoCAD 系统提供，也可以建立新的填充图案。如图 4.33 所示。图案主要用来区分工程的部件或表现组成对象的材质，可以使用预定义的填充图案，用当前的线型定义简单直线图案，或者创建更加复杂的填充图案。图案的填充功能 AutoCAD 命令包括 BHATCH、HATCH，二者功能相同。

图 4.33　填充图案

（1）图案填充功能及使用

启动图案填充功能命令可以通过以下 3 种方式。

→ 打开"绘图"下拉菜单中的"图案填充"命令。

→ 单击"绘图"工具栏上的"图案填充"按钮。

→ 在"命令:"提示下输入命令 HATCH 或 BHATCH。

按上述方法执行图案填充命令后，AutoCAD 弹出一个图案填充和渐变色对话框，如图 4.34 所示，在该对话框可以进行定义边界、图案类型、图案比例、图案角度和图案特性以及定制填充图案等参数设置操作。使用该对话框就可以实现对图形进行图案操作。下面结合图 4.35 所示的例子，说明有关参数设置和使用方法。

图 4.34　图案填充和渐变色对话框

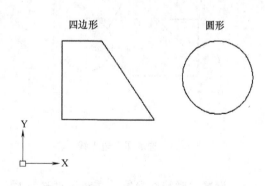

图 4.35　进行填充图形

在进行填充操作时，填充区域的边界必须是封闭的，否则不能进行填充或填充结果错误。

以在"命令:"直接输入 BHATCH 命令，如图 4.35 所示的四边形、圆形等图形为例，说明对图形区域进行图案填充的方法。

① 在"命令:"提示下输入命令 HATCH。

② 在图案填充和渐变色对话框中选择图案填充选项，再在类型与图案栏下，单击图案

右侧的三角图标选择填充图形的名称，或单击右侧的省略号（…）图标，弹出填充图案选项板对话框，根据图形的直观效果选择要填充图案类型，单击确定，如图4.36所示。

点取图形内部任一位置

图4.36 选择填充图形　　　　　图4.37 点取选择对象

③ 返回前一步图案填充和渐变色对话框，单击右上角边界栏下"添加：拾取点"或"添加：选择对象"图标，AutoCAD将切换到图形屏幕中，在屏幕上选取图形内部任一位置点或选择图形，该图形边界线将变为虚线，表示该区域已选中，然后按下"Enter"键返回对话框。如图4.37所示。也可以选择逐个选择图形对象的边，如图4.38所示。

④ 接着在图案填充和渐变色对话框中，在角度和参数栏下，设置比例、角度等参数，以此控制所填充的图案的密度大小、与水平方向的倾角大小。角度、比例可以直接输入需要的数字，如图4.39所示。

选择边界线构成填充区域

图4.38 选取图形边界线　　　　图4.39 设置角度、比例参数

⑤ 设置关联特性参数。在对话框选项栏下，选择勾取关联或不关联。如图4.40所示。关联或不关联是指所填充的图案与图形边界线的相互关系的一种特性。若拉伸边界线时，所填充的图形随之紧密变化，则属于关联。反之为不关联。如图4.41所示。

⑥ 单击"确定"确认进行填充，完成填充操作。如图4.42所示。对两个或多个相交图形的区域，无论其如何复杂，均可以使用与上述一样的方法，直接使用鼠标选取要填充图案的区域即可，其他参数设置完全一样。如图4.43所示。若填充区域内有文字时，在选择该区域进行图案填充，所填充的图案并不穿越文字，文字仍可清晰可见。也可以使用"选择对象"分别选取边界线和文字，其图案填充是效果一致，如图4.44所示。

图 4.40　设置关联特性

图 4.41　关联的作用

图 4.42　完成填充操作

图 4.43　直接选取区域

(a) 图案穿越文字

(b) 图案不穿越文字

图 4.44　图案与文字关系

（2）编辑图案填充

编辑图案填充的功能是指修改填充图案的一些特性，包括其造型、比例、角度和颜色等。其 AutoCAD 命令为 HATCHEDIT。

启动 HATCHEDIT 编辑命令可以通过以下 3 种方式。

→ 打开"修改"下拉菜单中的"对象"命令选项，在子菜单中选择"图案填充"命令。

→ 单击"修改 II"工具栏上的"编辑图案填充"按钮。

→ 在"命令："提示下输入命令 HATCHEDIT。

按上述方法执行 HATCHEDIT 编辑命令后，AutoCAD 要求选择要编辑的填充图案，然后弹出一个对话框，如图 4.45 所示，在该对话框可以进行定义边界、图案类型、图案比例、图案角度和图案特性以及定制填充图案等参数修改，其操作方法与进行填充图案操作是一致的。填充图案经过编辑后，如图 4.46 所示。

图 4.45 填充图案编辑对话框

图 4.46 填充图案编辑

4.2.6 AutoCAD 2017 特有编辑修改功能

（1）光顺曲线

光顺曲线是指在 2 条开放曲线的端点之间创建相切或平滑的样条曲线。其 AutoCAD 命令是 BLEND。启动命令可以通过以下 2 种方式，其绘制方法如下所述，如图 4.47 所示。

→ 在"命令："行直接输入 BLEND 命令。

→ 点击"修改"菜单下选择"光顺曲线"即可。

命令：BLEND

连续性 ＝ 相切

选择第一个对象或［连续性（CON）］：

选择第二个点：

（2）对齐

对齐是指在二维及三维空间中将对象与其他对象对齐。其 AutoCAD 命令是 ALIGN。启动命令可以通过以下 2 种方式，其绘制方法如下所述，如图 4.48 所示。

→ 在"命令："行直接输入 ALIGN 命令。

→ 点击"修改"菜单下选择"对齐"即可。

命令：ALIGN

选择对象：找到 1 个（选择图形-矩形）

图 4.47　光顺曲线

图 4.48　对齐

选择对象：

指定第一个源点：(点取 1 点)

指定第一个目标点：(点取 2 点)

指定第二个源点：(点取 3 点)

指定第二个目标点：(点取 4 点)

指定第三个源点或 ＜继续＞：(回车)

是否基于对齐点缩放对象？［是(Y)/否(N)］＜否＞：N

4.3　图块功能与编辑

将某个元素或多个元素组成的图形对象定制为一个整体图形，该整体图形即是 AutoCAD 中的图块。图块具有自己的特性，此外组成其中的各个对象有自己的图层、线型和颜色等特性。可以对图块进行复制、旋转、删除和移动等编辑修改操作。图块的作用主要是避免许多重复性的操作，提高设计与绘图效率和质量。

4.3.1　创建图块

AutoCAD 创建图块的功能命令是 BLOCK。启动 BLOCK 命令可以通过以下 3 种方式。

→ 打开"绘图"下拉菜单中的"块"子菜单，选择其中的"创建"命令。

→ 单击"绘图"工具栏上的"创建块"图标按钮。

→ 在"命令："行提示符下输入 BLOCK 并回车。

按上述方法激活 BLOCK 命令后，AutoCAD 系统弹出块定义对话框。在该对话框中的名称栏下输入图块的名称"jx"。如图 4.49 所示。接着在对象栏下单击选择对象图标，单击该图标后系统切换到图形屏幕上，AutoCAD 要求选择图形，可以使用光标直接选取图形，回车后该图形将加入到图块中。如图 4.50 所示。

图 4.49　块定义对话框　　　　　　　　　　图 4.50　选取图形

选择图形对象后按下"Enter"系统将切换到对话框中，在基点栏下单击拾取点图标，指定该图块插入点的位置，也可以在其下面的 X、Y、Z 空白栏中直接输入坐标点（X、Y、Z）。图块插入点的位置为在绘图时插入该图块的基准点和图块的旋转与缩放基点。AutoCAD 默认的基点是坐标系的原点。单击该图标后系统切换到图形屏幕上，AutoCAD 要求选择图块插入点的位置。可以使用光标直接选取位置点，回车确认后将返回块定义对话框中。如图 4.51 所示。

此外在该对话框中，可以为图块设置一个预览图标，并保存在图块中。同时可以设置图块的尺寸单位（毫米、厘米等）。如图 4.52 所示。

图 4.51　指定图块插入点　　　　　　　　图 4.52　设置预览图标和单位

最后单击确定按钮完成图块的创建操作。该图块将保存在当前的图形中，若未保存图形，则图块也未能保存。

4.3.2　插入图块

（1）插入单个图块

单图块插入是指在图形中逐个插入图块。要在图形中插入图块，需先按前面有关论述定义图块。AutoCAD 插入图块的功能命令是 INSERT。启动 INSERT 命令可以通过以下 3 种方式。

→ 打开"插入"下拉菜单中的"块"命令。

→ 单击"插入点"工具栏上的"插入块"图标按钮。

→ 在"命令:"提示符下输入 INSERT 并回车。

按上述方法激活插入图块命令后，AutoCAD 系统弹出插入对话框。在该对话框中的名称选项区域右边选择要插入的图块名称（可以单击小三角图标打开下拉栏选择），例如前面创建的 K。在该对话框中还可以设置插入点、缩放比例和旋转角度等，如图 4.53 所示。

若选取各个参数下面的"在屏幕上指定"复选框，可以直接在屏幕上使用鼠标进行插入点、比例、旋转角度的控制，如图 4.54 所示。

命令：INSERT

输入 X 比例因子，指定对角点，或［角点（C）/XYZ（XYZ）］<1>：0.5

输入 Y 比例因子或 <使用 X 比例因子>：0.3

图 4.53　插入图块对话框

图 4.54　插入图块

此外，可以将已有的 *.dwg 图形文件作为图块插入，其插入方法与插入图块完全一致。只需单击对话框右上角的浏览图标，在弹出的选择对话框中选择图形文件后单击"确定"按钮确认返回，即可按前面有关论述的方法进行操作即可。如图 4.55 所示。

（2）多图块插入

多图块插入是指在图形中以矩形阵列形式插入多个图块。其 AutoCAD 功能命令为 MINSERT。启动 INSERT 命令可以通过在"命令:"提示符下输入 MINSERT 并回车。在进行多图块插入操作时，插入的图块是整体的。以在"命令:"直接输入 MINSERT 命令为例，说明多图块插入的方法，如图 4.56 所示。

图 4.55　插入图形文件

图 4.56　多图块插入

命令：MINSERT

输入块名或［?］＜儿童—002＞：

单位：英寸　转换：　　　1.0000

指定插入点或［基点（B)/比例（S)/X/Y/Z/旋转（R)］：

输入 X 比例因子，指定对角点，或［角点（C)/XYZ（XYZ）］＜1＞：

输入 Y 比例因子或＜使用 X 比例因子＞：

指定旋转角度＜0＞：

输入行数（---）＜1＞：3

输入列数（| | |）＜1＞：2

输入行间距或指定单位单元（---）：122

指定列间距（| | |）：360

注意，采用多块插入方法，得到的图形是 1 个整体块，各个不是分开的。如图 4.56
所示。

4.3.3　图块编辑

图块编辑的内容包括写图块（WBLOCK)、图块分解（EXPLODE）和属性编辑
（DDATTE、ATTEDIT）等操作。

（1）写图块

写图块（可以理解为保存）的 AutoCAD 功能命令是 WBLOCK。启动 WBLOCK 命令
可以通过在"命令："提示符下输入 WBLOCK 并回车。

激活 WBLOCK 命令后，AutoCAD 系统弹出对话框，在该对话框中的源选项栏下，可
以选择块/整个图形/对象等方式的复选框，并在右侧选择已有图块 K，然后单击"确定"按
钮即可保存该图块，图块的存储默认位置在对话框下侧的空白框，同时可以进行设置存储位
置。如图 4.57 所示。

(a) 选择块选项

(b) 选择对象选项

图 4.57　写块对话框

（2）图块分解

在定义图块后，图块是一个整体，若要对图块中的某个图形元素对象进行修改，则在整
体组合的图块中无法进行。为此，AutoCAD 提供了将图块分解的功能命令 EXPLODE。
EXPLODE 命令可以将块、填充图案和标注尺寸从创建时的状态转换或化解为独立的对象。

启动 EXPLODE 命令可以通过以下 3 种方式。

→ 打开"修改"下拉菜单中的"分解"命令。

→ 单击"修改"工具栏上的"分解"图标按钮。

→ 在"命令:"提示符下输入 EXPLODE 并回车。

按上述方法激活 EXPLODE 命令后，AutoCAD 操作提示如下:

命令: EXPLODE

选择对象: 指定对角点: 找到 1 个

选择对象: (回车)

选择要分解的图块对象，回车后选中的图块对象将被分解，如图 4.58 所示。

图 4.58　分解图块

4.4　文字与尺寸标注

文字与尺寸标注是图形绘制主要表达内容之一，也是 AutoCAD 绘制图形重要内容。

4.4.1　标注文字

标注文字，是工程设计不可缺少的一部分，文字与图形一起才能表达完整的设计思想。文字标注包括图形名称、注释、标题和其他图纸说明等。AutoCAD 提供了强大的文字处理功能，如可以设置文字样式、单行标注、多行标注、支持 Windows 字体、兼容中英文字体等。

（1）文字样式设置

AutoCAD 文字样式是指文字字符和符号的外观形式，即字体。AutoCAD 字体除了可以使用 Windows 操作系统的 TrueType 字体外，还有其专用字体（其扩展名为 ＊.SHX）。AutoCAD 默认的字体为 TXT.SHX，该种字体全部由直线段构成（没有弯曲段），因此存储空间较少，但外观单一不美观。

可以通过文字样式（STYLE 命令）修改当前使用字体。启动 STYLE 命令可以通过以下 3 种方式。

→ 打开"格式"下拉菜单选择命令"文字样式"选项。

→ 单击样式工具栏上的"文字样式"命令图标。

→ 在"命令:"命令行提示下直接输入 STYLE 或 ST 命令。

按上述方法执行 STYLE 命令后，AutoCAD 弹出文字样式对话框，在该对话框中可以设置相关的参数，包括样式、新建样式、字体、高度和效果等，如图 4.59 所示。

图 4.59　文字样式对话框

其中在字体类型中，带@的字体表示该种字体是水平倒置的，如图 4.60 所示。此外，在字体选项栏中可以使用大字体，该种字体是扩展名为 .SHX 的 AutoCAD 专用字体，如 chineset. shx、bigfont. shx 等，大字体前均带一个圆规状的符号。如图 4.61 所示。

图 4.60　带@的字体文字效果　　　　图 4.61　AutoCAD 专用字体

（2）单行文字标注方法

单行文字标注是指进行逐行文字输入。单行文字标注功能的 AutoCAD 命令为 TEXT。启动单行文字标注 TEXT 命令可以通过以下 2 种方式。

→ 打开"绘图"下拉菜单选择"文字"命令选项，再在子菜单中选择"单行文字"命令。

→ 在"命令："命令行提示下直接输入 TEXT 命令。

可以使用 TEXT 输入若干行文字，并可进行旋转、对正和大小调整。在"输入文字"提示下输入的文字会同步显示在屏幕中。每行文字是一个独立的对象。要结束一行并开始另一行，可在"输入文字"提示下输入字符后按 ENTER 键。要结束 TEXT 命令，可直接按 ENTER 键，而不用在"输入文字"提示下输入任何字符。通过对文字应用样式，用户可以使用多种字符图案或字体。这些图案或字体可以在垂直列中拉伸、压缩、倾斜、镜像或排列。

以在"命令："直接输入 TEXT 命令为例，说明单行文字标注方法，完成文字输入后回车确认即可。如图 4.62 所示。

命令：TEXT（输入 TEXT 命令）

当前文字样式：　"Standard"　文字高度：　2.5000　注释性：　否

指定文字的起点或［对正（J）/样式（S）］：

指定高度＜2.5000＞：10

指定文字的旋转角度＜0＞：

图 4.62 单行标注文字

（3）多行文字标注方法

除了使用 TEXT 进行单行文字标注外，还可以进行多行文字标注。其 AutoCAD 命令为 MTEXT。启动单行文字标注 TEXT 命令可以通过以下 3 种方式。

→ 打开"绘图"下拉菜单选择"文字"命令选项，再在子菜单中选择"多行文字"命令。

→ 单击绘图工具栏上的多行文字命令图标。

→ 在"命令："命令行提示下直接输入 MTEXT 命令。

激活 MTEXT 命令后，要求在屏幕上指定文字的标注位置，可以使用鼠标直接在屏幕上点取。如图 4.63 所示。指定文字的标注位置后，AutoCAD 弹出文字格式对话框，在该对话框中设置字形、字高、颜色等，然后输入文字，输入文字后单击 OK 按钮，文字将在屏幕上显示出来。如图 4.64 所示。

以在"命令："直接输入 MTEXT 命令为例，说明多行文字标注方法。

命令：MTEXT（标注文字）

当前文字样式："Standard" 文字高度：10 注释性：否

指定第一角点：（指定文字位置）

指定对角点或 [高度（H）/对正（J）/行距（L）/旋转（R）/样式（S）/宽度（W）/栏（C）]：（指定文字对角位置，在弹出的对话框中可以设置字形、字高、颜色等，并输入文字）

Current text style："DIM＿FONT" Text height： 400

图 4.63 指定文字位置

图 4.64 输入文字

4.4.2 尺寸标注

尺寸的标注，在工程制图中同样是十分重要的内容。尺寸大小，是进行工程建设定位的主要依据。AutoCAD 提供了多种尺寸标注方法，以适应不同工程制图的需要。

AutoCAD 提供的尺寸标注形式，与工程设计实际相一致。一个完整的尺寸一般由尺寸界线、尺寸线、箭头、标注文字构成。通常以一个整体出现。如图 4.65 所示。

图 4.65 CAD尺寸标注的构成示意

（1）尺寸样式设置

尺寸标注样式是指尺寸界线、尺寸线、箭头、标注文字等的外观形式。通过设置尺寸标注样式，可以有效地控制图形标注尺寸界线、尺寸线、箭头、标注文字的布局和外观形式。

尺寸标注样式设置的 AutoCAD 命令为 DIMSTYLE（缩略为 DDIM）。启动单行文字标注 DIMSTYLE 命令可以通过以下 3 种方式。

→ 打开"格式"下拉菜单选择"标注样式"命令选项。

→ 单击标注工具栏上的标注样式命令图标。

→ 在"命令:"命令行提示下直接输入 DIMSTYLE 或 DDIM 命令。

激活 DIMSTYLE 命令后，在屏幕上弹出标注样式管理器对话框，通过该对话框，可以对尺寸线、标注文字、箭头、尺寸单位、尺寸位置和方向等尺寸样式进行部分或全部设置和修改。如图 4.66 所示。

图 4.66　标注样式及其修改选项

其中，创建新的标注样式是新定义一个标注模式；比较两个已存在的标注样式的参数及特性，二者不同之处显示出来；修改标注样式可以对当前的标注样式进行修改，包括文字位置、箭头和尺寸线长短等各种参数。其中"文字对齐"选项建议点取"与尺寸线对齐"；尺寸标注文字是否带小数点，在线性标注选项下的"精度"进行设置，如图 4.67 所示。

（2）尺寸标注方法

AutoCAD 提供了多种尺寸标注方法，包括线性、对齐、坐标、半径、直径、角度等。此外还有快速尺寸标注等其他方式。

① 线性尺寸标注　线性尺寸标注的 AutoCAD 功能命令是 DIMLINEAR。启动 DIMLINEAR 命令可以通过以下 3 种方式。

→ 打开"标注"下拉菜单，选择其中的"线性"命令选项。

→ 单击标注工具栏上的线性命令功能图标。

→ 在命令行"命令:"提示符下输入 DIMLINEAR 并回车。

116

图 4.67　尺寸标注相关参数修改

以在命令行启动 DIMLINEAR 为例，线性尺寸标注的使用方法如下所述，如图 4.68 所示。

命令：DIMLINEAR

指定第一条延伸线原点或 ＜选择对象＞：

指定第二条延伸线原点：

创建了无关联的标注。

指定尺寸线位置或

［多行文字（M）/文字（T）/角度（A）/水平（H）/垂直（V）/旋转（R）］：

标注文字＝150

图 4.68　线性尺寸标注样式

② 对齐尺寸标注　对齐尺寸标注是指所标注的尺寸线与图形对象相平行，其 AutoCAD 功能命令是 DIMALIGNED。启动 DIMALIGNED 命令可以通过以下三种方式。

→ 打开 "标注" 下拉菜单，选择其中的 "对齐" 命令选项。

→ 单击标注工具栏上的对齐命令功能图标。

→ 在命令行 "命令:" 提示符下输入 DIMALIGNED 并回车。

以在命令行启动 DIMALIGNED 为例，对齐尺寸标注的使用方法如下所述，如图 4.69 所示。

命令：DIMALIGNED

指定第一条延伸线原点或 ＜选择对象＞：

指定第二条延伸线原点：

创建了无关联的标注。

指定尺寸线位置或

117

图 4.69 对齐尺寸标注样式

［多行文字（M）/文字（T）/角度（A）］：

标注文字＝7.71

③ 坐标尺寸标注 坐标尺寸标注是指所标注为图形对象的 X 或 Y 坐标，其 AutoCAD 功能命令是 DIMORDINATE。坐标标注沿一条简单的引线显示部件的 X 或 Y 坐标。这些标注也称为基准标注。AutoCAD 使用当前用户坐标系（UCS）确定测量的 X 或 Y 坐标，并且沿与当前 UCS 轴正交的方向绘制引线。按照通行的坐标标注标准，采用绝对坐标值。启动 DIMORDINATE 命令可以通过以下 3 种方式。

→ 打开"标注"下拉菜单，选择其中的"坐标"命令选项。

→ 单击标注工具栏上的坐标命令功能图标。

→ 在命令行"命令："提示符下输入 DIMORDINATE 并回车。

以在命令行启动 DIMORDINATE 为例，坐标尺寸标注的使用方法如下所述，如图 4.70 所示。

图 4.70 坐标尺寸标注

命令：DIMORDINATE

指定点坐标：

指定引线端点或［X 基准（X）/Y 基准（Y）/多行文字（M）/文字（T）/角度（A）］：

标注文字 ＝620

④ 半径尺寸标注 半径标注由一条具有指向圆或圆弧的箭头的半径尺寸线组成。如果 DIMCEN 系统变量未设置为零，AutoCAD 将绘制一个圆心标记。其 AutoCAD 功能命令是 DIMRADIUS。DIMRADIUS 根据圆或圆弧的大小、"新建标注样式"、"修改标注样式"和"替代当前样式"对话框中的选项以及光标的位置绘制不同类型的半径标注。对于水平标注文字，如果半径尺寸线的角度大于水平 15°，AutoCAD 将在标注文字前一个箭头长处绘制一条钩线，也称为弯钩或着陆。Auto-CAD 测量此半径并显示前面带一个字母 R 的标注文字。

启动 DIMRADIUS 命令可以通过以下 3 种方式。

→ 打开"标注"下拉菜单，选择其中的"半径"命令选项。

→ 单击标注工具栏上的半径命令功能图标。

→ 在命令行"命令:"提示符下输入 DIMRADIUS 并回车。

以在命令行启动 DIMRADIUS 为例，半径尺寸标注的使用方法如下所述，如图 4.71 所示。

命令: DIMRADIUS

选择圆弧或圆:

标注文字 ＝R4560

指定尺寸线位置或 ［多行文字（M）/文字（T）/角度（A）］:

图 4.71　半径尺寸标注样式

⑤ 直径尺寸标注　直径尺寸标注是根据圆和圆弧的大小、标注样式的选项设置以及光标的位置来绘制不同类型的直径标注。标注样式控制圆心标记和中心线。当尺寸线画在圆弧或圆内部时，AutoCAD 不绘制圆心标记或中心线。其 AutoCAD 功能命令是 DIMDIAMETER。对于水平标注文字，如果直径线的角度大于水平 15°并且在圆或圆弧的外面，那么 AutoCAD 将在标注文字旁边绘制一条一个箭头长的钩线。

启动 DIMDIAMETER 命令可以通过以下 3 种方式。

→ 打开"标注"下拉菜单，选择其中的"直径"命令选项。

→ 单击标注工具栏上的直径命令功能图标。

→ 在命令行"命令:"提示符下输入 DIMDIAMETER 并回车。

以在命令行启动 DIMDIAMETER 为例，直径尺寸标注的使用方法如下所述，如图 4.72 所示。

命令: DIMDIAMETER

选择圆弧或圆:

标注文字 ＝0.99

指定尺寸线位置或 ［多行文字（M）/文字（T）/角度（A）］:

⑥ 角度尺寸标注　角度尺寸标注是根据两条以上的图形对象构成的角度进行标注。其 AutoCAD 功能命令是 DIMANGULAR。启动 DIMANGULAR 命令可以通过以下 3 种方式。

→ 打开"标注"下拉菜单，选择其中的"角度"命令选项。

→ 单击标注工具栏上的角度命令功能图标。

→ 在命令行"命令:"提示符下输入 DIMANGULAR 并回车。

以在命令行启动 DIMANGULAR 为例，角度尺寸标注的使用方法如下所述，如图 4.73 所示。

命令: DIMANGULAR

选择圆弧、圆、直线或 ＜指定顶点＞:

图 4.72　直径尺寸标注样式

图 4.73　角度尺寸标注样式

选择第二条直线：

指定标注弧线位置或 ［多行文字 （M）/文字 （T）/角度 （A）/象限点 （Q）］：

标注文字＝39

⑦ 基线尺寸标注　基线尺寸标注是指创建自相同基线测量的一系列相关标注，其 AutoCAD 功能命令为 DIMBASELINE。AutoCAD 使用基线增量值偏移每一条新的尺寸线并避免覆盖上一条尺寸线。基线增量值在 "新建标注样式"、"修改标注样式" 和 "替代标注样式" 对话框的 "直线和箭头" 选项卡上基线间距指定。如果在当前任务中未创建标注，AutoCAD 将提示用户选择线性标注、坐标标注或角度标注，以用作基线标注的基准。一般情况下，在进行标注前，需使用线性标注、坐标标注或角度标注来确定标注基准线。

启动 DIMBASELINE 命令可以通过以下 3 种方式。

→ 打开 "标注" 下拉菜单，选择其中的 "基线" 命令选项。

→ 单击标注工具栏上的基线标注命令功能图标。

→ 在命令行 "命令：" 提示符下输入 DIMBASELINE 并回车。

以在命令行启动 DIMBASELINE 为例，基线尺寸标注的使用方法如下所述，如图 4.74 所示。a. 先使用线性标注、坐标标注或角度标注来确定标注基准线；b. 再使用 DIMBASELINE 基线尺寸标注方法进行标注。

命令：DIMBASELINE

选择基准标注：

图 4.74　基线尺寸标注样式

　　指定第二条尺寸界线原点或［放弃（U）/选择（S）］＜选择＞：

　　标注文字 ＝4.14

　　指定第二条尺寸界线原点或［放弃（U）/选择（S）］＜选择＞：

　　标注文字 ＝6.2

　　指定第二条尺寸界线原点或［放弃（U）/选择（S）］＜选择＞：

　　选择基准标注：

　　⑧ 连续尺寸标注　连续尺寸标注是指绘制一系列相关的尺寸标注，例如添加到整个尺寸标注系统中的一些短尺寸标注。连续标注也称为链式标注，其 AutoCAD 功能命令为DIMCONTINUE。创建线性连续标注时，第一条尺寸界线将被禁止，并且文字位置和箭头可能会包含引线。这种情况作为连续标注的替代而出现（DIMSE1 系统变量打开，DIMT-MOVE 系统变量为 1 时）。如果在当前任务中未创建标注，AutoCAD 将提示用户选择线性标注、坐标标注或角度标注，以用作连续标注的基准。一般情况下，在进行标注前，需使用线性标注、坐标标注或角度标注来确定标注基准线。

　　启动 DIMCONTINUE 命令可以通过以下 3 种方式。

　　→ 打开"标注"下拉菜单，选择其中的"连续"命令选项。

　　→ 单击标注工具栏上的标注连续命令功能图标。

　　→ 在命令行"命令："提示符下输入 DIMCONTINUE 并回车。

　　以在命令行启动 DIMCONTINUE 为例，连续尺寸标注的使用方法如下所述，如图4.75 所示。a. 先使用线性标注、坐标标注或角度标注来确定标注基准线。b. 再使用 DIM-CONTINUE 连续尺寸标注方法进行标注。

图 4.75　连续尺寸标注样式

命令：DIMCONTINUE

指定第二条尺寸界线原点或［放弃（U）/选择（S）］＜选择＞：

标注文字 ＝137

指定第二条尺寸界线原点或［放弃（U）/选择（S）］＜选择＞：

标注文字 ＝596

指定第二条尺寸界线原点或［放弃（U）/选择（S）］＜选择＞：

标注文字 ＝137

指定第二条尺寸界线原点或［放弃（U）/选择（S）］＜选择＞：

⑨ 添加形位公差标注　形位公差表示特征的形状、轮廓、方向、位置和跳动的允许偏差。可以通过特征控制框来添加形位公差，这些框中包含单个标注的所有公差信息。其中特征控制框至少由两个组件组成，第一个特征控制框包含一个几何特征符号，表示应用公差的几何特征，例如位置、轮廓、形状、方向或跳动。可以创建带有或不带引线的形位公差，这取决于创建公差时使用的是 TOLERANCE 还是 LEADER。形状公差控制直线度、平面度、圆度和圆柱度；轮廓控制直线和表面。可以使用大多数编辑命令更改特性控制框，也可以使用对象捕捉模式对其进行捕捉，还可以使用夹点编辑它们。如图 4.76 所示。

图 4.76　形位公差示意

创建形位公差的步骤如下：

a. 依次单击"标注（N）"下拉菜单选择"公差（T）"。

b. 在弹出的"形位公差"对话框中，单击"符号"对话框中的第一个矩形，然后在弹出的"特征符号"对话框中选择一个插入符号。见图 4.77。

c. 在"公差 1"下，单击第一个黑框，插入直径符号。见图 4.78。

图 4.77　"特征符号"对话框　　　　　　图 4.78　插入直径符号

d. 在文字框中，输入第一个公差值。见图 4.79。

e. 要添加包容条件（可选），单击第二个黑框，然后单击"包容条件"对话框中的符号以进行插入。见图 4.80。

图 4.79　输入第一个公差值

图 4.80　加入第二个公差值等

f. 在"形位公差"对话框中，加入第二个公差值（可选并且与加入第一个公差值方式相同）。见图 4.80。

g. 在"基准 1"、"基准 2"和"基准 3"下输入基准参考字母。

h. 单击黑框，为每个基准参考插入包容条件符号。

i. 在"高度"框中输入高度。

j. 单击"投影公差带"方框，插入符号。

k. 在"基准标识符"框中，添加一个基准值。

l. 单击"确定"。

m. 在图形中，指定特征控制框的位置。如图 4.81。

创建带有引线的形位公差的步骤如下，见图 4.82。

a. 在命令提示下，输入"leader"或"LEADER"。

b. 指定引线的起点。

c. 指定引线的第二点。

d. 按两次 Enter 键以显示"注释"选项。

e. 输入 t（公差），然后创建特征控制框。

f. 特征控制框将附着到引线的端点。

图 4.81　标注特征控制框

(a) 输入相关参数　　　　　　　　　　　　　(b) 标注结果

图 4.82　创建带有引线的形位公差

创建带有引线的形位公差的操作命令提示如下，参见图 4.82：

命令：LEADER

指定引线起点：

指定下一点：

指定下一点或［注释(A)/格式(F)/放弃(U)］＜注释＞：

输入注释文字的第一行或 ＜选项＞：

输入注释选项［公差(T)/副本(C)/块(B)/无(N)/多行文字(M)］＜多行文字＞：T

⑩ 弧长标注　除了前述经常的标注方法外，还有弧长标注（DIMARC）等标注方法。弧长标注使用方法是执行命令后，使用鼠标点击要标注的弧线即可进行标注。弧线尺寸显示为"⌒＊＊＊"标注形式，如图 4.83 所示。

命令：DIMARC

选择弧线段或多段线圆弧段：

指定弧长标注位置或［多行文字(M)/文字(T)/角度(A)/部分(P)/］：

标注文字 ＝ 27.55

4.4.3　文字与尺寸编辑和修改

与其他图形对象一样，AutoCAD 同样提供了对文字和尺寸的编辑与修改功能。

图 4.83　其他尺寸标注方式

（1）文字编辑与修改方法

除了可以使用移动、复制、删除、旋转和镜像等基本的编辑与修改方法外，文字对象的编辑与修改方法还包括修改其内容、高度、字体和特性等。AutoCAD 提供了如下几种对文字的编辑与修改方法。

① 修改文字内容　修改文字内容是最为基本的文字编辑与修改功能。其 AutoCAD 功能命令为 DDEDIT。启动 DDEDIT 命令可以通过以下 3 种方式。

→ 打开"修改"下拉菜单，在"对象"子菜单中选择"文字"命令选项中的编辑。

→ 在命令行"命令："提示符下输入 DDEDIT 并回车。

→ 点击文字，再点击右键屏幕将出现快捷菜单，选择"特性"选项，弹出的对话框中展开"文字"选项，直接点击其内容，输入新文字，可以进入修改文字。如图 4.84 所示。

图 4.84　修改文字

② 修改文字特性　修改文字特性是指对文字的内容、颜色、插入点、样式和对齐方式等相关性质参数进行修改。其 AutoCAD 功能命令为 PROPERTIES。启动 PROPERTIES 命令可以通过以下 3 种方式。

→ 打开"修改"下拉菜单，选择"特性"命令选项。

→ 单击标准工具栏上的特性命令功能图标。

→ 使用快捷菜单：选择要查看或修改其特性的对象，在绘图区域单击右键，然后选择"特性"。或者，可以在大多数对象上双击以显示"特性"窗口。在特性对话框中可以对文字的高度、字体、颜色等各种特性参数进行修改，如图 4.85 所示。

③ 文字编辑系统变量　AutoCAD 控制文字镜像后效果的系统变量为 MIRRTEXT。

图 4.85　修改文字特性

图 4.86　文字系统变量

在进行文字镜像（MIRROR）时，若系统变量 MIRRTEXT 设置不正确，将使文字倒置。当 MIRRTEXT＝0 时，文字镜像后的效果与原文字一致；当 MIRRTEXT＝1 时，文字镜像后将倒置，如图 4.86 所示。改变系统变量为 MIRRTEXT 的值可以通过如下方法：

命令：MIRRTEXT（设置新的系统变量）

输入 MIRRTEXT 的新值＜0＞：1（输入新的系统变量数值）

设置 MIRRTEXT＝0 后，再进行文字操作，可以保证文字镜像与原文字一致。

（2）尺寸编辑与修改方法

AutoCAD 尺寸编辑与修改的内容，包括对尺寸线、标注文字和尺寸界线、箭头型式等的颜色、位置、方向、高度等。AutoCAD 提供了如下几种对尺寸的编辑与修改方法。

① 使用特性对话框　利用特性管理器对话框，可以方便地管理、编辑尺寸标注的各个组成要素。选择要查看或修改其特性的尺寸对象，在绘图区域单击右键，然后选择"特性"。在特性窗口，要修改某个参数，只需单击该项参数右侧的表格栏，展开该特性参数，点击参数选项即可进行修改。如图 4.87 所示。

图 4.87　编辑修改尺寸型式

② 使用 DIMEDIT、DIMTEDIT 命令　DIMEDIT 的功能是使用新的文字替换现有的标注文字、旋转文字、将文字移动位置等。DIMEDIT 影响一个或多个标注对象上的标注文字和尺寸界线，其中"默认"、"新值"和"旋转"选项影响标注文字。"倾斜"选项控制尺寸界线的倾斜角度。DIMTEDIT 命令的功能主要是移动和旋转标注文字及对正标注文字。

标注编辑修改命令可以通过以下 2 种方式进行。

→ 单击标注工具栏上的编辑标注或编辑标注文字命令功能图标。

→ 在命令行"命令："提示符下输入 DIMEDIT 或 DIMTEDIT 并回车。

以在命令行启动 DIMEDIT 为例，使用 DIMEDIT 的编辑与修改方法如下所述，各种编辑修改效果如图 4.88 所示。使用 DIMTEDIT 的编辑与修改方法如下所述，如图 4.89 所示。

图 4.88　标注编辑（倾斜等）

图 4.89　DIMTEDIT 编辑标注（左对齐）

a. 使用 DIMEDIT

命令：DIMEDIT

输入标注编辑类型［默认（H）/新建（N）/旋转（R）/倾斜（O）］＜默认＞：O

选择对象：找到 1 个

选择对象：

输入倾斜角度（按 ENTER 表示无）：30

其中上述相关命令选项含义如下。

默认（H）——将旋转标注文字移回默认位置。选中的标注文字移回到由标注样式指定的默认位置和旋转角。

新建（N）——使用多行文字编辑器修改标注文字并进行替换。

旋转（R）——旋转标注文字。

倾斜（O）——调整线性标注尺寸界线的倾斜角度。AutoCAD 创建尺寸界线与尺寸线方向垂直的线性标注。当尺寸界线与图形的其他部件冲突时"倾斜"选项将很有用处。

b. 使用 DIMTEDIT

命令：DIMTEDIT

选择标注：

为标注文字指定新位置或［左对齐（L）/右对齐（R）/居中（C）/默认（H）/角度（A）］：A

指定标注文字的角度：270

第 章

建筑结构设计总说明及目录CAD快速绘制

建筑结构设计总说明及图纸目录是建筑结构专业必备的图纸之一，结构设计总说明是项目结构设计总体思路和总体要求的说明；目录则是结构图纸的纵览。

注：在学习中，对于示例图纸的相关尺寸和文字，有的因图形较大，因排版压缩在图书版面中尺寸文字可能不是十分清晰，此时，可以使用 AUTOCAD 软件打开配套光盘中的相应图形文件，对比查看即可看清楚。在绘制 CAD 图形时注意使用 SAVE 功能命令及时保存所绘制的图形，免得出错丢失图形，费时费力。

为便于学习提高 CAD 绘图技能，本书通过互联网相关平台提供本章建筑结构设计绘制实例的 CAD 图形（dwg 格式图形文件），读者连接互联网后登录到如下地址即可进行案例图形 CAD 文件下载。本案例图形文件仅供学习 CAD 参考。

◆ 百度云盘（下载地址为：http://pan.baidu.com/s/1qYVH7mW，其中"1qYVH7mW"中的"1"为数字）。

其他绘图参考资料文件下载地址如下，仅供学习 CAD 参考。

◆ 钢筋符号字体文件下载地址：

百度云盘 http://pan.baidu.com/s/1dF9JsDb，其中"1dF9J"中的"1"为数字。

◆ CAD 绘图参考图库文件下载地址：

百度云盘 http://pan.baidu.com/s/1nv6flJN，其中"1nv6f"中的"1"为数字。

5.1 建筑结构设计总说明 CAD 快速绘制

建筑结构设计总说明的具体内容，根据具体工程项目的设计确定。此处仅是某个项目结构设计说明的举例，在实际工程设计中不能照抄。

5.1.1 建筑结构图纸图框 CAD 快速绘制

（1）图框规格和幅面的大小按照基本要求设置。

▷ **操作提示：** 建筑图纸的图纸幅面和图框尺寸，即图纸图面的大小，按国家相关标准规范（如房屋建筑制图统一标准 GB/T 50001—2010）规定，分为 A4、A3、A2、A1 和 A0（更详细内容参阅第 1 章）。

▷ **操作命令：** NEW、OPEN 等（注：所列举的操作命令是可以用来完成该操作步骤的最常用命令，可能使用其中一个或多个命令来完成该图形绘制，可以按习惯或喜欢方式选择。有些命令不同，但其绘制出的图形可以相同。命令提示内容参阅第 2～4 章节的相关内容，在此从略。后同此说明）。

▷ **操作参考：** 如图 5.1 所示。

图纸幅面和图框尺寸　　　　　　　　　　　mm

尺寸代号 ＼ 幅面代号	A4	A3	A2	A1	A0
$b×l$	210×297	297×420	420×594	594×841	841×1189
c	5	5	10	10	10
a	25	25	25	25	25

(a) 图幅规格

(b) 图幅样式

图 5.1　图框规格和幅面样式大小要求

（2）先绘制图框外轮廓。

▷ **操作提示：** 以 A2 图幅为例绘制图框，$b×l＝420\text{mm}×590\text{mm}$，按 1：100 比例绘制，即是按 42000mm×59000mm 绘制。

▷ **操作命令：** LINE、PLINE、RECTANG 等。

▷ **操作参考：** 如图 5.2 所示。

图 5.2　绘制图框外轮廓

（3）创建外框内轮廓线。

▷ **操作提示：** 先通过偏移距离"c"，然后局部拉伸调整距离"a"的大小。

▷ **操作命令：** OFFSET、STRETCH 等。

▷ **操作参考：** 如图 5.3 所示。

图 5.3　创建外框内轮廓线

（4）绘制标题栏（标签栏）轮廓。

▷ **操作提示：** 标题栏（标签栏）宽约 40～70mm。先在边框处绘制，然后移动相应距离即可。

▷ **操作命令：** LINE、MOVE 等。

▷ **操作参考：** 如图 5.4 所示。

图 5.4　绘制标题栏（标签栏）轮廓

（5）绘制标题栏内的造型。

▷ **操作提示：** 标题栏按照不同设计公司的企业标识（LOGO）和要求进行个性化设计确定。

▷ **操作命令：** LINE、OFFSET、TRIM、MTEXT、TEXT、SCALE、MOVE 等。

▷ **操作参考：** 如图 5.5 所示。

（6）完成 A2 图框绘制，保存图框图形供后面使用。

▷ **操作提示：** 继续绘制标题栏内的内容和分隔，包括图号、日期、设计人、审核等内容。最后完成图框绘制。其他图幅（A0、A1、A3 等）按相同方法绘制，在此处略。

▷ **操作命令：** LINE、OFFSET、TRIM、MTEXT、TEXT、SCALE、MOVE、SAVE 等。

▷ **操作参考：** 如图 5.6 所示。

图 5.5　绘制标题栏内的造型

图 5.6　完成 A2 图框绘制

5.1.2　建筑结构设计总说明 CAD 快速绘制

（1）先打开一个图框。

▷ **操作提示：** 为便于控制设计说明文字布局，先打开一个图框，再在图框内输入文字等内容。利用前一节绘制的图框即可。打开图框大小（A2～A0）按设计说明内容多少确定。此处打开 1∶100 绘制的 A2 图框。

▷ **操作命令：** OPEN 等。

▷ **操作参考：** 如图 5.7 所示。

图 5.7　先打开一个图框

（2）在图框合适位置，创建结构设计说明大标题"建筑结构设计总说明"。

▶ **操作提示：** 结构设计说明具体内容按照具体工程项目设计施工需要及国家规范要求撰写。在此仅是举例如何利用 CAD 进行绘制。建议使用 MTEXT 功能命令，便于设置字体、字高等参数。

▶ **操作命令：** MTEXT、SCALE、MOVE 等。

▶ **操作参考：** 如图 5.8 所示。

图 5.8 创建结构设计说明大标题

（3）开始设计说明正文 CAD 绘制。

▶ **操作提示：** 开始一般是"工程概况"，介绍项目工程的基本情况，包括名称、位置、规模、高度、用途和结构类型等。

▶ **操作命令：** MTEXT、SCALE、MOVE 等。

▶ **操作参考：** 如图 5.9 所示。

图 5.9 开始设计说明正文 CAD 绘制

（4）也可以通过 WORD 文档进行设计说明文字输入。

▶ **操作提示：** 若有 WORD 文档设计说明，可以打开该 WORD 文档，选择需要的位置内容，先复制到剪切板上。

▶ **操作命令：** 菜单快捷键操作。

▶ **操作参考：** 如图 5.10 所示。

（5）然后切换到 CAD 图形中将文字粘贴到图形中。

▶ **操作提示：** 执行 MTEXT 功能命令，在弹出的窗口框内点击右键，再选择其中的"粘贴"，即可将文字粘贴到图形中。更多设计说明按上述方法继续输入即可，限于篇幅，在此从略。

图 5.10　通过 WORD 文档进行设计说明文字输入

▶ **操作命令**：PASTECLIP、MTEXT、SCALE、MOVE 等。

▶ **操作参考**：如图 5.11 所示。

图 5.11　将文字粘贴到图形中

（6）绘制设计说明中的表格。

▶ **操作提示**：表格格式按照需要的样式进行绘制，在此仅是示例。先绘制一条水平直线，然后按距离偏移即可。

▶ **操作命令**：LINE、OFFSET、LENGTHEN、STRETCH、COPY 等。

▶ **操作参考**：如图 5.12 所示。

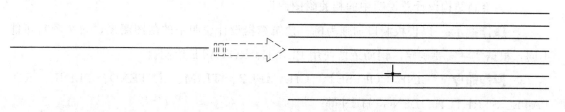

图 5.12　绘制设计说明中的表格

（7）绘制表格垂直方向分割线。

▶ **操作提示**：分割个数按照需要确定。

▷ **操作命令**：LINE、OFFSET、MOVE、TRIM、EXTEND、COPY、MIRROR 等。

▷ **操作参考**：如图 5.13 所示。

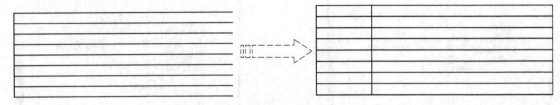

图 5.13　绘制表格垂直方向分割线

（8）将需要的轮廓线加粗，完成表格轮廓。

▷ **操作提示**：使用 PEDIT 功能命令即可将需要的轮廓线加粗。哪些需要加粗，按设计确定。

▷ **操作命令**：PEDIT 等。

图 5.14　将需要的轮廓线加粗

▷ **操作参考**：如图 5.14 所示。

（9）按设计输入表格说明文字。

▷ **操作提示**：表格绘制文字按设计需要确定。

▷ **操作命令**：MTEXT、TEXT、SCALE、MOVE 等。

▷ **操作参考**：如图 5.15 所示。

图 5.15　按设计输入表格说明文字

（10）绘制结构设计总说明中的相关附图图形。

▷ **操作提示**：以楼板洞口加强为例。建筑结构设计说明中的附图图形，每个项目可能不同，根据实际需要确定。钢筋造型使用 PLINE、ROTATE 绘制。

▷ **操作命令**：LINE、OFFSET、CHAMFER、TRIM、EXTEND、PLINE、RO-TATE、STRETCH、LENGTHEN 等。

▷ **操作参考**：如图 5.16 所示。

（11）标注附图中的相关文字及说明。

▷ **操作提示**：附图说明根据实际需要确定。

图 5.16   绘制结构设计总说明中的相关附图图形

▶ **操作命令**：LINE、TEXT、MTEXT、SCALE、MOVE 等。

▶ **操作参考**：如图 5.17 所示。

十一、结构通用图

12@80
上下均设

附图12 小于300mm洞口楼板加强筋

图 5.17   标注附图中的相关文字及说明

（12）其他图例图形绘制。

▶ **操作提示**：建筑结构设计说明中需要绘制哪些图例，按绘图人设计确定。图中的钢筋等绘制方法参见后面章节详细介绍，在此从略。

▶ **操作命令**：LINE、PLINE、CIRCLE、HATCH、COPY、TRIM、HATCH、MTEXT、TEXT、SCALE、MOVE、MIRROR 等。

▶ **操作参考**：如图 5.18 所示。

填充墙或轻质墙

相邻楼面

卫生间楼面

钢板网

28

附图16 外墙及顶梁顶板后浇带做法

附图18 楼板处边沿大样

图 5.18   其他图例图形绘制

（13）完成建筑结构设计总说明 CAD 绘制。

▶ **操作提示**：其他说明文字和图形、表格等，参照前述步骤进行绘制即可，限于篇幅，在此处略。

> **操作命令**：PAN、ZOOM、SAVE、QUIT 等。

> **操作参考**：如图 5.19 所示。

图 5.19　完成建筑结构设计总说明 CAD 绘制

5.2　建筑结构图纸封面和图纸目录 CAD 快速绘制

建筑结构图纸根据某个具体工程项目的设计确定，是全部建筑结构专业图纸的列表，图纸目录一般包括序列号、图名和图号，也可以包括版本号、时间等。图纸封面是整套施工图纸的装订首页，突出显示该套图纸是结构专业的图纸，故易于辨认识别。

5.2.1　建筑结构图纸封面 CAD 快速绘制

（1）图纸封面绘制，先创建项目名称。

> **操作提示**：可以打开一幅图框绘制（删除标题栏），封面一般包括项目名称、设计单位 LOGO 和专业图纸名称等。简洁大方为主。按各个设计单位和项目进行个性化设计即可。

> **操作命令**：MTEXT、SCALE、MOVE、TEXT 等。

> **操作参考**：如图 5.20 所示。

（2）创建图纸名称、设计单位 LOGO 和日期等。

图 5.20 图纸封面绘制

▶ **操作提示：** 设计单位 LOGO 按照各个设计单位的 LOGO，复制粘贴 1 个即可。

▶ **操作命令：** COPY、MTEXT、TEXT、SCALE、MOVE 等。

▶ **操作参考：** 如图 5.21 所示。

图 5.21 创建图纸名称、设计单位 LOGO 和日期等

(3) 完成封面绘制。

▶ **操作提示：** 其他内容由设计单位或设计人确定，如保密等。

▶ **操作命令：** PAN、ZOOM、SAVE 等。

▶ **操作参考：** 如图 5.22 所示。

图 5.22 完成封面绘制

5.2.2 建筑结构图纸目录 CAD 快速绘制

(1) 打开一个 CAD 图框。

▷ **操作提示**：为便于控制目录布局，先打开一个图框，再在图框内输入文字等内容。
利用前面章节绘制的图框即可。

▷ **操作命令**：OPEN 等。

▷ **操作参考**：如图 5.23 所示。

图 5.23　打开一个 CAD 图框

（2）绘制图纸目录表格，先绘制水平表格线。

▷ **操作提示**：图纸目录主要是列表。表格一般包括序列号、图名、图号和日期以及版
本号、时间等。

▷ **操作命令**：LINE、PLINE、LENGTHEN、STRETCH、OFFSET、COPY、MOVE 等。

▷ **操作参考**：如图 5.24 所示。

图 5.24　绘制水平表格线

（3）继续进行图纸目录表格绘制，绘制竖直分割线。

▷ **操作提示**：表格多少按照结构图纸数量一一对应即可，一般表格行数多于图纸
数量。

▷ **操作命令**：LINE、OFFSET、COPY、MOVE、TRIM 等。

▷ **操作参考**：如图 5.25 所示。

图 5.25 继续进行图纸目录表格绘制

（4）输入图纸目录表格文字。

▶ **操作提示**：图纸目录表格文字按照图纸内容进行绘制。

▶ **操作命令**：MTEXT、TEXT、SCALE、MOVE、COPY 等。

▶ **操作参考**：如图 5.26 所示。

序号	图名	图号	版本号

序号	图名
1	结构图纸目录
2	结构设计总说明
3	设计荷载表(一)
4	设计荷载表(二)
5	典型结构大样图(一)
6	典型结构大样图(二)
7	

图 5.26 输入图纸目录表格文字

（5）继续进行图纸目录表格文字输入。

▶ **操作提示**：输入是按照图纸图号顺序进行。

▶ **操作命令**：COPY、MTEXT、TEXT 等。

▶ **操作参考**：如图 5.27 所示。

图名	图号	版本号	日期
	JG-SG001	A	2012.08.18
	JG-SG002	A	
	JG-SG003	A	
	JG-SG004	A	
	JG-SG005	A	
	JG-SG006	A	

	图名	图号	版本号
5	典型结构大样图(一)	JG-SG005	A
6	典型结构大样图(二)	JG-SG006	A
7	地下室底板结构剖面图	JG-DJ001	A
8	地下三层底板模板图	JG-DJ002	A
9	地下二层底板模板图	JG-DJ003	A
10	地下一层底板模板图	JG-DJ004	A
11	地下一层至首层结构剖面图	JG-DJ005	A
	首层底板模板图		

图 5.27 继续进行图纸目录表格文字输入

（6）完成图纸目录绘制。

▶ **操作提示：** 此图纸目录仅为示意，实际工程图纸会有许多。若工程项目较大，图纸较多，则可以复制 1 个表格和图框，如何按照上述方法进行绘制，更多图纸目录绘制同理，具体操作从略。

▶ **操作命令：** COPY、MTEXT、TEXT、MOVE、SAVE 等。

▶ **操作参考：** 如图 5.28 所示。

图 5.28 完成图纸目录绘制

第 6 章

建筑结构材料图案CAD快速绘制

常见建筑结构材料图形包括钢筋、混凝土、钢筋混凝土、砖墙、砂子、钢等各种不同材料。

为便于学习提高 CAD 绘图技能，本书通过互联网相关平台提供本章结构设计绘制实例的 CAD 图形（dwg 格式图形文件），读者连接互联网后登录到如下地址即可进行案例图形CAD 文件下载。本案例图形文件仅供学习 CAD 参考。

◆ 百度云盘（下载地址为：http://pan.baidu.com/s/1pK7MKpd，其中"1pK7MKpd"中的"1"为数字）。

6.1 建筑砌体结构材料图案 CAD 快速绘制

砌体结构所用材料主要是砖、石或砌块以及砌筑砂浆。

6.1.1 砖砌体墙结构材料图案 CAD 快速绘制

常见建筑砌体结构材料包括普通黏土砖、烧结普通砖、多孔砖、蒸压灰砂砖、蒸压粉煤灰砖等材料。

（1）常见砌体墙体造型。

▶ **操作提示：** 在实际工程应用的常见砌体墙体造型图片。

▶ **操作命令：** 无。

▶ **操作参考：** 如图 6.1 所示。

图 6.1　常见砌体墙体造型

（2）先创建砌体墙体结构或节点轮廓线。

▷ **操作提示：** 砌体（如砖墙）结构墙面一般采用倾斜 45°的斜线标识。

▷ **操作命令：** LINE、PLINE、OFFSET、TRIM 等。

▷ **操作参考：** 如图 6.2 所示。

图 6.2　先创建砌体墙体结构或节点轮廓线

（3）将轮廓范围图形通过图案填充得到标识砌体材料的图案。

▷ **操作提示：** 选择填充图案为斜线造型的，调整合适的填充比例（可以通过预览观察填充效果）。墙体轮廓线可以使用粗实线，使用 PLINE 绘制或使用 PEDIT 修改加粗。

▷ **操作命令：** HATCH、PEDIT、SAVE 等。

▷ **操作参考：** 如图 6.3 所示。

图 6.3　图案填充得到标识砌体材料的图案

（4）其他各种位置造型的砌体墙体可以按相同方法进行绘制。

▷ **操作提示：** 需要标识为砌体材料的轮廓均可以采用这种方法创建。墙体轮廓线可以使用粗实线，使用 PLINE 绘制或使用 PEDIT 修改加粗。填充图案选择边界时使用"添加拾取"。

▷ **操作命令：** LINE、PLINE、ARC、TRIM、HATCH 等。

▷ **操作参考：** 如图 6.4 所示。

图 6.4　其他位置砌体造型绘制

（5）绘制具有砌体造型形象图形。

▷ **操作提示**：形象图形即是具有一块块砌块的效果。

▷ **操作命令**：无。

▷ **操作参考**：如图 6.5 所示。

图 6.5　不同砌体造型形象图形

（6）具有砌体造型形象图形方法很简单，先绘制轮廓线。

▷ **操作提示**：然后选择相应相似砖方块的图案如"AR-B816C"进行填充即可。进行填充即可得到砌体形象图形。

▷ **操作命令**：LINE、PLINE、RECTANG、HATCH 等。

▷ **操作参考**：如图 6.6 所示。

（7）可以选择其他排列效果的图案进行填充。

▷ **操作提示**：根据需要进行图案选择，如"BRICK"。

▷ **操作命令**：HATCH、BHATCH、SAVE 等。

▷ **操作参考**：如图 6.7 所示。

图 6.6　先绘制轮廓线和选择图案

图 6.7　选择其他排列效果的图案进行填充

6.1.2　石材砌体墙体图案 CAD 快速绘制

　　建筑石材砌体墙体常见有料石墙、毛石墙、片石墙、卵石墙、统砂石墙等。毛石、料石和河卵石等石材砌体具有强度高、防潮、耐磨性强、耐风化腐蚀等特点，它们是一种良好的天然建筑材料。对于一些有震动荷载的房屋、地震烈度为七度以上的地区以及地基有可能产生较大沉降的建筑物不宜采用毛石和河卵石砌筑。

　　（1）在实际项目工程中的石材砌体墙体造型。

　　▷ **操作提示：**　在实际项目工程中的石材砌体墙体造型图片。

　　▷ **操作命令：**　无。

　　▷ **操作参考：**　如图 6.8 所示。

　　（2）石材砌体墙体形象效果图形。

图 6.8　常见石材砌体墙体造型图片

▷ **操作提示：** 在纸面上绘制的石材砌体墙体形象效果。

▷ **操作命令：** 无。

▷ **操作参考：** 如图 6.9 所示。

图 6.9　石材砌体墙体形象效果图形

（3）绘制方法之一是创建轮廓，然后选择类似石材的图案进行填充快速得到。

▷ **操作提示：** 不同石材图案可以从 CAD 系统自带的资料图库、网上收集或购买得到。

▷ **操作命令：** LINE、PLINE、RECTANG、HATCH 等。

▷ **操作参考：** 如图 6.10 所示。

图 6.10　创建轮廓进行图案填充

（4）其他类型的石材墙体造型同样绘制。

▶ **操作提示：** 选择不同的石材的图案进行填充快速得到不同石材墙体造型。石材图案造型需安装图案库（详见附赠 CD 光盘中的图案文件，将其复制到 AutoCAD \ support 目录下即可，然后在图案填充对话框中的"自定义"栏中选择相关图案即可）。

▶ **操作命令：** LINE、PLINE、RECTANG、HATCH、BHATCH 等。

▶ **操作参考：** 如图 6.11 所示。

图 6.11　其他类型的石材墙体造型同样绘制

（5）人工逐个绘制不同大小石块的造型。

▶ **操作提示：** 可以使用 LINE、PLINE、SPLINE 等功能命令进行绘制大小不同的石材造型。这种方法适合比较熟悉 CAD 操作的人使用。

▶ **操作命令：** LINE、PLINE、SPLINE、ARC 等。

▶ **操作参考：** 如图 6.12 所示。

图 6.12　逐个绘制不同大小石块的造型

（6）复制一个图形，然后对单个图形进行相应的编辑修改。

▶ **操作提示：** 通过偏移、缩小等功能，使得石材造型更为形象。这需要熟悉相应的编辑修改功能命令。

▶ **操作命令：** SCALE、OFFSET、PLINE、SPLINE、ARC、STRETCH、LINE、TRIM、CHAMFER、FILLET、COPY、MOVE、ROTATE 等。

▶ **操作参考：** 如图 6.13 所示。

（7）按上述方法逐步进行石材造型绘制。

图 6.13　对单个图形进行相应的编辑修改

▶ **操作提示：** 按照不同大小、造型轮廓、砌筑位置进行绘制，可以进行复制、镜像、旋转，然后采用调整其位置等方法。

▶ **操作命令：** LINE、SPLINE、ARC、STRETCH、LINE、TRIM、CHAMFER、FILLET、COPY、MIRROR、MOVE、ROTATE 等。

▶ **操作参考：** 如图 6.14 所示。

图 6.14　逐步进行石材造型绘制

（8）最后完成绘制石材墙体造型。

▶ **操作提示：** 其他石材造型形式可以按照上述方法逐步绘制。此种逐步绘制比较费力费时，不建议。

▶ **操作命令：** LINE、SPLINE、ARC、STRETCH、LINE、TRIM、CHAMFER、FILLET、COPY、MOVE、ROTATE、SAVE 等。

▶ **操作参考：** 如图 6.15 所示。

图 6.15　逐步绘制石材墙体

6.2 钢筋混凝土结构材料图案 CAD 快速绘制

钢筋混凝土是建筑结构最为常见的施工材料之一。

6.2.1 钢筋造型 CAD 快速绘制

（1）钢筋截面造型绘制方法 1。

▶ **操作提示：** 钢筋截面造型为圆形，将圆形填充为实体图案"SOLID"即可。

▶ **操作命令：** CIRCLE、HATCH 等。

▶ **操作参考：** 如图 6.16 所示。

（2）钢筋截面造型绘制方法 2。

▶ **操作提示：** 使用圆环功能命令也可以绘制钢筋截面造型。设置圆环内径为"0"即可。

▶ **操作命令：** DONUT 等。

▶ **操作参考：** 如图 6.17 所示。

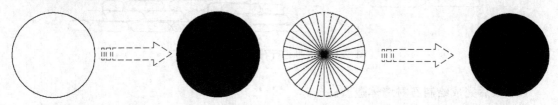

图 6.16 钢筋截面造型绘制   图 6.17 使用圆环功能命令绘制钢筋截面

（3）直段钢筋造型绘制。

▶ **操作提示：** 使用 PLINE 功能命令按一定宽度绘制。

▶ **操作命令：** PLINE、LENGTHEN、STRETCH、OFFSET、COPY 等。

▶ **操作参考：** 如图 6.18 所示。

图 6.18 直段钢筋造型绘制

（4）钢筋弯钩造型绘制。

▶ **操作提示：** 使用 PLINE 功能命令，先绘制一段直线段，然后在操作中提示的命令行输入"A"切换为绘制弧线即可进行绘制弯钩造型。注意 PLINE 要设置为一定宽度的线

（宽度大小按绘图比例确定）。

▷ **操作命令**：PLINE 等。

命令：PLINE
指定起点：
当前线宽为 0.0000
指定下一个点或［圆弧（A）/半宽（H）/长度（L）/放弃（U）/宽度（W）］：W
指定起点宽度＜0.0000＞：50
指定端点宽度＜50.0000＞：50
指定下一个点或［圆弧（A）/半宽（H）/长度（L）/放弃（U）/宽度（W）］：
指定下一点或［圆弧（A）/闭合（C）/半宽（H）/长度（L）/放弃（U）/宽度（W）］：A
指定圆弧的端点或
［角度（A）/圆心（CE）/闭合（CL）/方向（D）/半宽（H）/直线（L）/半径（R）/第二个点（S）/放弃（U）/宽度（W）］：
指定圆弧的端点或
［角度（A）/圆心（CE）/闭合（CL）/方向（D）/半宽（H）/直线（L）/半径（R）/第二个点（S）/放弃（U）/宽度（W）］：（回车）

▷ **操作参考**：如图 6.19 所示。

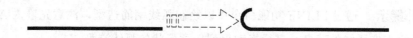

图 6.19　钢筋弯钩造型绘制

（5）弧线弯头钢筋造型绘制。

▷ **操作提示**：通过倒圆角（FILLET）功能即可快速得到。使用 FILLET 时注意设置合适的圆角半径。

▷ **操作命令**：PLINE、FILLET 等。

▷ **操作参考**：如图 6.20 所示。

图 6.20　弧线弯头钢筋造型绘制

（6）弧形钢筋造型绘制方法 1。

▷ **操作提示**：通过 PEDIT 功能命令可以将弧线加粗。

▷ **操作命令**：ARC、PEDIT 等。

命令：PEDIT

选择多段线或［多条（M）］：

选定的对象不是多段线

是否将其转换为多段线？＜Y＞

输入选项［闭合（C）/合并（J）/宽度（W）/编辑顶点（E）/拟合（F）/样条曲线（S）/非曲线化（D）/线型生成（L）/反转（R）/放弃（U）］：W

指定所有线段的新宽度：20

输入选项［闭合（C）/合并（J）/宽度（W）/编辑顶点（E）/拟合（F）/样条曲线（S）/非曲线化（D）/线型生成（L）/反转（R）/放弃（U）］：

▶ **操作参考：** 如图 6.21 所示。

图 6.21　弧形钢筋造型绘制方法 1

（7）弧形钢筋造型绘制方法 2。

▶ **操作提示：** 通过 PLINE 功能命令可以绘制弧线钢筋造型，注意先输入 A 进行绘制，然后选中弧线点击弧线的蓝点，进行拖动得到任意形状的弧线造型。

▶ **操作命令：** PLINE 等。

命令：PLINE

指定起点：

当前线宽为 0.0000

指定下一个点或［圆弧（A）/半宽（H）/长度（L）/放弃（U）/宽度（W）］：W

指定起点宽度＜0.0000＞：20

指定端点宽度＜0.0000＞：20

指定下一个点或［圆弧（A）/半宽（H）/长度（L）/放弃（U）/宽度（W）］：A

指定圆弧的端点或

［角度（A）/圆心（CE）/方向（D）/半宽（H）/直线（L）/半径（R）/第二个点（S）/放弃（U）/宽度（W）］：

指定圆弧的端点或

［角度（A）/圆心（CE）/闭合（CL）/方向（D）/半宽（H）/直线（L）/半径（R）/第二个点（S）/放弃（U）/宽度（W）］：

▶ **操作参考：** 如图 6.22 所示。

（8）圆形钢筋造型绘制方法 1。

▶ **操作提示：** 圆形钢筋绘制有 3 种方法。方法之一是使用 CIRCLE 绘制 2 个同心圆（注意同心圆大小相差不大），然后使用图案填充功能将同心圆之间填充实体即可完成（选择实体 SOLID 作为填充图案）。

图 6.22 弧形钢筋造型绘制方法 2

▷ **操作命令**: CIRCLE、OFFSET、HATCH 等。

▷ **操作参考**: 如图 6.23 所示。

图 6.23 圆形钢筋造型绘制方法 1

(9) 圆形钢筋造型绘制方法 2。

▷ **操作提示**: 圆形钢筋绘制方法之二是先绘制半圆形,然后使用编辑功能 (PEDIT) 将半圆形加粗,再进行镜像即可完成。

▷ **操作命令**: CIRCLE、LINE、TRIM、PEDIT、MIRROR 等。

▷ **操作参考**: 如图 6.24 所示。

图 6.24 圆形钢筋造型绘制方法 2

(10) 圆形钢筋造型绘制方法 3。

▷ **操作提示**: 圆形钢筋绘制方法之三是使用 PLINE 功能命令后,输入 A 进行绘制, 绘制 2 段即可组合完成圆形钢筋造型。

▷ **操作命令**: PLINE 等。

命令: PLINE

指定起点：

当前线宽为 20.0000

指定下一个点或［圆弧（A）/半宽（H）/长度（L）/放弃（U）/宽度（W）］：A

指定圆弧的端点或

［角度（A）/圆心（CE）/方向（D）/半宽（H）/直线（L）/半径（R）/第二个点（S）/放弃（U）/宽度（W）］：

指定圆弧的端点或

［角度（A）/圆心（CE）/闭合（CL）/方向（D）/半宽（H）/直线（L）/半径（R）/第二个点（S）/放弃（U）/宽度（W）］：

指定圆弧的端点或

［角度（A）/圆心（CE）/闭合（CL）/方向（D）/半宽（H）/直线（L）/半径（R）/第二个点（S）/放弃（U）/宽度（W）］：

▷ **操作参考**：如图 6.25 所示。

图 6.25　圆形钢筋造型绘制方法 3

（11）箍筋造型绘制。

▷ **操作提示**：使用 PLINE 绘制即可。注意 PLINE 要设置为一定宽度（宽度大小按绘图比例确定）的线。

▷ **操作命令**：PLINE、ROTATE、MOVE、OFFSET、TRIM、EXTEND 等。

▷ **操作参考**：如图 6.26 所示。

（12）多肢箍筋造型绘制。

▷ **操作提示**：将矩形箍筋造型复制即可。

▷ **操作命令**：PLINE、ROTATE、MOVE、OFFSET、TRIM、COPY、SAVE 等。

▷ **操作参考**：如图 6.27 所示。

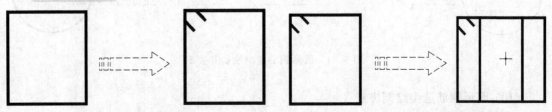

图 6.26　箍筋造型绘制　　　　　　　　图 6.27　多肢箍筋造型绘制

（13）弯起钢筋造型绘制步骤 1。

▷ **操作提示**：绘制三段折现钢筋造型，然后将垂直段钢筋造型旋转即可。

▷ **操作命令:** P LINE、ROTATE、OFFSET、MOVE、SAVE 等。

▷ **操作参考:** 如图 6.28 所示。

图 6.28　弯起钢筋造型绘制

(14) 弯起钢筋造型绘制步骤 2。

▷ **操作提示:** 进行倒角,得到弯起钢筋造型。倒角距离设置为 0。

▷ **操作命令:** CHAMFER、SAVE 等。

▷ **操作参考:** 如图 6.29 所示。

(15) 附加吊筋造型绘制。

▷ **操作提示:** 先按前述方法绘制弯起钢筋造型,

图 6.29　得到弯起钢筋造型

然后将弯起钢筋造型进行镜像即可得到附加吊筋造型。

▷ **操作命令:** PLINE、ROTATE 、MOVE、OFFSET、TRIM、COPY、MOVE、SAVE 等。

▷ **操作参考:** 如图 6.30 所示。

图 6.30　附加吊筋造型绘制

6.2.2　建筑结构钢筋混凝土造型 CAD 快速绘制

(1) 砂浆造型绘制。

▷ **操作提示:** 先绘制好要轮廓图形,然后选择砂子图案进行填充即可。要在如图 6.31 所示砌体墙体中的砖缝填充砂浆。

▷ **操作命令:** RECTANG、PLINE、COPY、MOVE 等。

▷ **操作参考:** 如图 6.31 所示。

(2) 绘制填充范围轮廓线,进行砂浆造型图案填充。

▷ **操作提示:** 填充图案时使用"拾取点"功能选择填充范围,然后选择砂子图案进行填充即可。

▷ **操作命令:** RECTANG、PLINE、COPY、MOVE 等。

▷ **操作参考:** 如图 6.32 所示。

(3) 选择砂子图案进行砂浆造型图案填充。

图 6.31　墙体轮廓造型绘制

图 6.32　绘制填充范围轮廓线

▶ **操作提示：** 填充图案时使用"添加：拾取点"方法选择填充范围，然后选择砂子图案进行填充即可。注意调整填充比例至合适大小。

▶ **操作命令：** RECTANG、PLINE、COPY、MOVE 等。

▶ **操作参考：** 如图 6.33 所示。

图 6.33　砂浆造型绘制

（4）混凝土填充轮廓造型绘制。

▶ **操作提示：** 先绘制好要轮廓图形，然后选择混凝土图案进行填充即可。也可以在这里使用前面绘制的图形练习。

▶ **操作命令：** LINE、PLINE、TRIM、CHAMFER、HATCH、MOVE 等。

▶ **操作参考：** 如图 6.34 所示。

（5）混凝土填充造型图案填充。

▶ **操作提示：** 选择混凝土图案"AR-CONC"进行填充即可。注意填充比例大小。

图 6.34　混凝土填充轮廓造型绘制

▶ **操作命令：** LINE、PLINE、TRIM、CHAMFER、HATCH、MOVE 等。

▶ **操作参考：** 如图 6.35 所示。

图 6.35　不同填充比例混凝土造型绘制

（6）钢筋混凝土造型轮廓绘制。

▶ **操作提示：** 先绘制好要轮廓图形，然后选择 CAD 系统的混凝土进行图案填充。在这里使用前面绘制的混凝土造型图形。

▶ **操作命令：** LINE、PLINE、TRIM、CHAM-FER、HATCH、MOVE 等。

▶ **操作参考：** 如图 6.36 所示。

（7）在同一范围再选择斜线图案"ANSI31"进行图案填充，即可得到钢筋混凝土造型图案。

图 6.36　钢筋混凝土造型轮廓绘制

▶ **操作提示：** 填充的 2 个图案共同构成钢筋混凝土图案造型。注意设置合适的填充比例。否则效果可能不理想。

▶ **操作命令：** HATCH、SAVE 等。

▶ **操作参考：** 如图 6.37 所示。

图 6.37　不同比例得到钢筋混凝土造型图案

6.2.3　建筑钢筋混凝土结构柱子造型 CAD 快速绘制

（1）先绘制钢筋混凝土结构柱子的轮廓造型。

▷ **操作提示：** 常见的钢筋混凝土结构柱子有矩形、正方形、圆形等，其他形状的比较少。

▷ **操作命令：** POLYGON、PLINE、LINE、OFFSET、TRIM、CHAMFER 等。

▷ **操作参考：** 如图 6.38 所示。

（2）通过图案填充得到柱子造型。

▷ **操作提示：** 对绘图比例比较小的，如 1∶100、1∶150 等，填充实体"SOLID"图案即可。

▷ **操作命令：** BHATCH、HATCH 等。

▷ **操作参考：** 如图 6.39 所示。

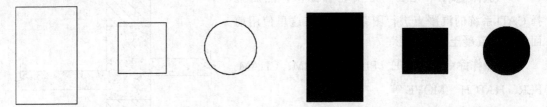

图 6.38　绘制钢筋混凝土柱子轮廓　　　　　图 6.39　填充实体柱子轮廓图案

（3）通过多次图案填充得到柱子造型。

▷ **操作提示：** 对绘图比例比较大的，如 1∶50、1∶20 等，选择混凝土"AR-CONC"和斜线"ANSI31"作为填充图案。

▷ **操作命令：** BHATCH、HATCH 等。

▷ **操作参考：** 如图 6.40 所示。

图 6.40　填充柱子轮廓图案

（4）其他位置柱子，按轴线进行复制得到。

▶ **操作提示：** 对柱子大小一样的，可以通过复制、移动等功能命令快速得到。

▶ **操作命令：** COPY、MOVE、SAVE 等。

▶ **操作参考：** 如图 6.41 所示。

图 6.41　其他柱子绘制

6.3　建筑钢材截面造型 CAD 快速绘制

6.3.1　角钢截面造型 CAD 快速绘制

（1）常见角钢材料。

▶ **操作提示：** 角钢符号为 "L"，主要分为等边角钢和不等边角钢两类，其中不等边角钢又可分为不等边等厚及不等边不等厚两种。角钢的规格用边长和边厚的尺寸表示。目前国产角钢规格以边长的厘米数为号数，同一号角钢常有 2～7 种不同的边厚；进口角钢标明两边的实际尺寸及边厚并注明相关标准。一般边长 12.5cm 以上的为大型角钢，5～12.5cm 之间的为中型角钢，边长 5cm 以下的为小型角钢。

▶ **操作命令：** 无。

▶ **操作参考：** 如图 6.42 所示。

（2）角钢的规格参数表示标识。

▶ **操作提示：** 角钢的截面图及标注符号如图 6.43 所示。以 L8/11×12 不等边角钢作

图 6.42　常见角钢材料

为案例绘制。

▶ **操作命令**：无。

▶ **操作参考**：如图 6.43 所示。

(a) 不等边　　　　　　　　　(b) 等边

图 6.43　角钢规格参数

（3）绘制角钢外轮廓。

▶ **操作提示**：水平长 110mm，垂直长 180mm，按 1：1 长度绘制。执行命令后直接输入 110、180 即可。

▶ **操作命令**：LINE、CHAMFER、MOVE 等。

▶ **操作参考**：如图 6.44 所示。

（4）偏移得到厚度。

▶ **操作提示**：厚度 12mm。倒圆角得到圆弧造型，倒角半径设置为 14mm。

▶ **操作命令**：OFFSET、FILLET 等。

▶ **操作参考**：如图 6.45 所示。

（5）绘制 2 个小圆形。

▶ **操作提示**：圆形半径与厚度相同，圆点可以在直线端点，然后移动圆形。

图 6.44　绘制角钢外轮廓

图 6.45　偏移得到厚度

▷ **操作命令**：CIRCLE、MOVE 等。

▷ **操作参考**：如图 6.46 所示。

图 6.46　绘制 2 个小圆形

（6）进行修剪修改。

▷ **操作提示**：得到角钢造型。

▷ **操作命令**：TRIM 等。

▷ **操作参考**：如图 6.47 所示。

（7）填充图案，完成角钢绘制。

▷ **操作提示**：图案选择双斜线。等边角钢同理绘制。

▷ **操作命令**：HATCH、SAVE 等。

▷ **操作参考**：如图 6.48 所示。

图 6.47　进行修剪修改

图 6.48　填充图案完成角钢绘制

6.3.2　工字钢截面造型 CAD 快速绘制

（1）常见工字钢类型。

▷ **操作提示**：工字钢主要分为普通工字钢、轻型工字钢、H 型工字钢三种。其中普通工字钢、轻型工字钢翼缘是变截面靠腹板部厚，外部薄；H 型工字钢的翼缘是等截面，H 型工字钢亦叫宽翼缘工字钢，HW、HM、HN 源于欧洲标准，HEB 是德国标准的工字钢。

▷ **操作命令**：无。

▷ **操作参考**：如图 6.49 所示。

图 6.49　常见工字钢

（2）工字钢截面规格标识。

▶ **操作提示**：工字钢的截面图及标注符号如图 6.50 所示，以常见工字钢 32a 钢（$h320\text{mm} \times b130\text{mm} \times d9.5\text{mm} \times r15.8\text{mm} \times r_1 11.5\text{mm}$）为例绘制。

▶ **操作命令**：无。

▶ **操作参考**：如图 6.50 所示。

图 6.50　工字钢截面规格标识

（3）先绘制底部水平线，然后在中点位置绘制 h 的一半长度垂直线。

▶ **操作提示**：绘制一半造型，另外一半造型可以通过镜像得到。$b=130\text{mm}$，$h=320\text{mm}$，按 1∶1 比例绘制。

▶ **操作命令**：LINE、OFFSET 等。

▶ **操作参考**：如图 6.51 所示。

图 6.51　绘制工字钢轮廓线

（4）绘制工字钢侧面造型。先在一侧底线中点绘制一段垂线，右端点处为圆心绘制一个圆。

▶ **操作提示**：线段长度为 $t=15\text{mm}$。可以在底部一侧新绘制一条长为一半长度的线进行中点定位。圆形的半径为 $r_1=5.8\text{mm}$。注意图中所绘图线是定位 $t=15\text{mm}$ 的位置。

▶ **操作命令**：LINE、MOVE、DIMLINEAR、CIRCLE 等。

▶ **操作参考**：如图 6.52 所示。

（5）从短垂直直线端点向圆绘制切线。

▶ **操作提示**：使用切点捕捉功能即可。然后延伸该直线至中间的垂直线交接。

▶ **操作命令**：LINE、EXTEND 等。

▶ **操作参考**：如图 6.53 所示。

（6）标注角度，绘制角度分中线。

▶ **操作提示**：分中线为连接角点与角度标注线中点即可。使用中点捕捉功能。然后偏移倾斜直线一段距离 $r=11.5\text{mm}$，与分中线相交。

▶ **操作命令**：DIMANGULAR、LINE 等。

图 6.52 绘制工字钢侧面造型

图 6.53 从短垂直直线端点向圆绘制切线

▷ **操作参考：** 如图 6.54 所示。

图 6.54 绘制角度分中线

（7）从中线与上侧斜线角点向下侧斜线绘制垂直线，然后绘制外切圆形。

▷ **操作提示：** 使用垂直捕捉功能即可。外切圆形以上一斜线的交点作为圆心。

▷ **操作命令：** LINE、CIRCLE 等。

▷ **操作参考：** 如图 6.55 所示。

（8）进行线条修剪修改。

▷ **操作提示：** 删除多余的线条和尺寸等。

图 6.55 绘制外切圆形

> **操作命令：** TRIM、ERASE 等。

> **操作参考：** 如图 6.56 所示。

图 6.56 进行线条修剪修改

（9）进行镜像得到工字钢轮廓造型。

> **操作提示：** 先进行水平方向图形镜像，然后进行垂直方向图形镜像。

> **操作命令：** MIRROR、SAVE 等。

> **操作参考：** 如图 6.57 所示。

（10）填充图案得到工字钢造型图。

> **操作提示：** 图案一般选择双斜线。

> **操作命令：** HATCH、SAVE 等。

> **操作参考：** 如图 6.58 所示。

（11）H 型钢、槽钢造型同理绘制。

> **操作提示：** 槽钢是截面为凹槽形的长条钢材，符号为"［"。其规格以腰高（h）×腿宽（b）×腰厚（d）的毫米数表示，如 120×53×5，表示腰高为 120mm，腿宽为 53mm，腰厚为 5mm 的槽钢，或称 12♯槽钢。腰高相同的槽钢，如有几种不同的腿宽和腰厚也需在型号右边加 a、b、c 予以区别，如［25a♯、［25b♯、［25c♯等。具体绘制在此处略。

图 6.57 进行镜像得到工字钢造型

图 6.58 填充图案得到工字钢造型图

▶ **操作命令：** 参见前面步骤所列。

▶ **操作参考：** 如图 6.59 所示。

图 6.59 槽钢造型

6.4 钢筋等特殊符号造型 CAD 快速绘制

6.4.1 钢筋符号造型 CAD 快速绘制

在工程施工中，按照国家相关规范规定，常用的是热轧钢筋，分为热轧带肋钢筋和热轧光圆钢筋。热轧光圆钢筋按屈服强度特征值分为 235、300 级，分别以 HPB235、HPB300 进行标识表示。热轧带肋钢筋按屈服强度特征值分为 335、400、500 级，分别以 HRB335、HRB400 和 HRB500 进行标识表示。通常所说的 Ⅰ级钢筋、Ⅱ级钢筋、Ⅲ级钢筋分别以如下符号表示：

钢筋混凝土施工图中钢筋的标注，一般采用引出线的方法，具体有以下两种标注方法。

（1）标注钢筋的根数、直径和等级，例如"3Φ20"、"5Φ16"。其中：

3、5：表示钢筋安装根数；

Φ、Φ：表示钢筋等级符号；

20、16：表示钢筋直径大小（mm）。

（2）标注钢筋的等级、直径和相邻钢筋中心间距，例如"Φ8@ 200"、"Φ16@150"。其中：

Φ、Φ：表示钢筋等级符号；

8、16：表示钢筋直径大小（mm）；

@：表示相等中心距符号；

200、150：表示相邻钢筋的中心间距大小（≤200mm、150mm）。

绘制上述钢筋符号有 2 种方法。

（1）直接使用 CAD 进行钢筋符号造型绘制，然后将其分别保存为符号图块。在标注时插入符号图块即可。使用命令包括 CIRCLE、LINE、MOVE、COPY、TRIM、MIRROR、BLOCK 等。如图 6.60 所示。

图 6.60　钢筋等级符号绘制步骤及方法

Φ：Ⅰ级钢筋图块符号　　　Φ：Ⅱ级钢筋图块符号

Φ：Ⅲ级钢筋图块符号　　　Φ：Ⅳ级钢筋图块符号

（2）使用 CAD 钢筋符号专用字体文件（通过购买或网络下载免费字体）。然后把 CAD 钢筋符号专用字体文件复制到 CAD 的安装目录的字体库 Fonts 内。重新启动 CAD 软件，再在 CAD 绘图时使用"TEXT"功能命令（不用 MTEXT），输入如下文字相应的符号（例如 Ⅱ级输入"％％131"），并选择 CAD 钢筋符号专用字体文件即可得到相应钢筋符号。

命令：TEXT

当前文字样式：　"Standard"　文字高度：　10.0000　注释性：　否

指定文字的起点或［对正（J）/样式（S）］：

指定高度 ＜10.0000＞：300

指定文字的旋转角度 ＜0＞：0

输入文字内容和对应钢筋符号如下：

％％130：一级钢符号（也可以输入％％C）

％％131：二级钢符号

％％132：三级钢符号

％％133：四级钢符号

％％134：其他特殊钢筋符号

6.4.2 其他特殊符号造型 CAD 快速绘制

在结构施工图绘制中，经常使用到一些符号，例如标高、箭头等符号造型。有些符号造型通过 TEXT 功能命令输入得到。有些通过绘制得到。

（1）标高符号绘制方法

使用 LINE、ERASE、STRETCH、MOVE、SCALE、MIRROR 等功能命令即可完成。同时结合相应的捕捉功能（如中点捕捉）。如图 6.61 所示。

[-][俯视][二维线框]

图 6.61 标高符号绘制步骤及方法

（2）箭头符号绘制方法

使用 PLINE、STRETCH、MOVE、SCALE 等功能命令即可完成。注意在使用 PLINE 功能命令时需要设置不同的起点宽度和端点宽度即可得到不同箭头造型。如图 6.62 所示。

[-][俯视][二维线框]

图 6.62 箭头符号绘制步骤及方法

命令：PLINE

指定起点：

当前线宽为 0.0000

指定下一个点或［圆弧（A）/半宽（H）/长度（L）/放弃（U）/宽度（W）］：W

指定起点宽度＜0.0000＞：600

指定端点宽度＜600.0000＞：200

指定下一个点或［圆弧（A）/半宽（H）/长度（L）/放弃（U）/宽度（W）］：

指定下一点或［圆弧（A）/闭合（C）/半宽（H）/长度（L）/放弃（U）/宽度（W）］：（回车结束）

（3）标高"±"符号造型输入方法

① 使用 MTEXT 功能命令时，在弹出的对话框中选择"@符号"图标，选择相应的符号表示功能栏即可，如"正/负％％P"，得到"±"符号造型。要输入"±0.000"，输入"％％P0.000"即可。如图 6.63 所示。

② 使用 TEXT 功能命令时，输入"％％P"即可得到"±"符号造型。

（4）弧线箭头造型绘制方法

先使用 ARC 和 PLINE 功能命令绘制弧线和箭头造型，然后将箭头复制或移动至弧线端部，再旋转箭头即可。如图 6.64 所示。

图 6.63　直接插入符号

(a) 弧线箭头绘制过程

(b) 弧线箭头造型应用

图 6.64　弧线箭头造型

第7章
建筑基础结构图CAD快速绘制

建筑基础结构图一般包括基础平面布置图、基础剖面图和桩基基础等图纸。本章将详细论述常见的砖混结构基础图、钢筋混凝土结构基础图以及桩基配筋图 CAD 快速绘制方法。

为便于学习提高 CAD 绘图技能，本书通过互联网相关平台提供本章结构设计绘制实例的 CAD 图形（dwg 格式图形文件），读者连接互联网后登录到如下地址即可进行案例图形 CAD 文件下载。本案例图形文件仅供学习参考。

◆ 百度云盘（下载地址为：http://pan.baidu.com/s/1hs4n568，其中"1hs4n568"中的"1"为数字）。

7.1 砖混结构基础图 CAD 快速绘制

砖混结构一般应用于低层建筑中，如 1～6 层住宅楼，根据地基情况，一般情况下基础采用混凝土或砖基础。本小节以常见的住宅楼为例，详细介绍砖混结构基础图 CAD 快速绘制方法。

7.1.1 砖混结构基础平面图 CAD 快速绘制

（1）调用住宅首层建筑平面图并修改，仅保留墙体（墙体平面布置图）。

▷ **操作提示：** 首层建筑平面图一般由建筑专业提供，直接使用即可。删除不需要的图形、文字和尺寸，封闭门洞口，仅保留墙体即可。图纸比例一般为（1∶100）～（1∶200），大部分为 1∶100，在绘制时 1m 按 1000mm 长度绘制即可。在进行打印时即可设置需要的输出比例 1∶100 即可输出 1∶100 的基础平面图（参考后面章节）。最后将所修改后墙体设置放在 1 个图层中，图层名称比较易于识别为好，例如"基础原墙体"等。然后可以将该图层锁定（LOCK），可以避免误删及移动。

▷ **操作命令：** OPEN、ERASE、SAVEAS、LAYER 等。

▷ **操作参考：** 如图 7.1 所示。

（2）在住宅墙体平面图中绘制基础宽度轮廓线。

▷ **操作提示：** 各个墙体位置的基础宽度按照设计计算确定的大小，通过偏移或复制墙体线快速得到。

▷ **操作命令：** OFFSET、COPY、MOVE 等。

▷ **操作参考：** 如图 7.2 所示。

图 7.1　调用住宅首层建筑平面图并修改

图 7.2　绘制基础宽度轮廓线

（3）进行剪切修改，得到内侧基础宽度平面轮廓线。

▷ **操作提示：** 可以使用剪切或倒角功能完成修改。

▷ **操作命令：** TRIM、CHAMFER 等。

▷ **操作参考：** 如图 7.3 所示。

图 7.3　剪切修改得到内侧基础宽度平面轮廓线

（4）绘制其他位置墙体的基础宽度平面轮廓线。

▷ **操作提示：** 按上述方法进行绘制。

▷ **操作命令：** OFFSET、COPY、MOVE、TRIM、CHAMFER 等。

▷ **操作参考：** 如图 7.4 所示。

图 7.4　其他位置墙体的基础宽度平面轮廓线绘制

（5）继续绘制，直至完成内侧墙体基础宽度平面轮廓线。

▶ **操作提示**：各个墙体的基础宽度按设计计算确定其大小。

▶ **操作命令**：PAN、ZOOM、OFFSET、COPY、MOVE、TRIM、CHAMFER、SVAE 等。

▶ **操作参考**：如图 7.5 所示。

图 7.5　完成内侧墙体基础宽度平面轮廓线

（6）绘制外墙基础平面外侧宽度轮廓线。

▶ **操作提示**：外侧轮廓线同样可以通过偏移、复制、倒角得到。外侧基础宽度按设计计算确定。

▶ **操作命令**：OFFSET、COPY、CHAMFER 等。

▶ **操作参考**：如图 7.6 所示。

图 7.6　绘制外墙基础平面外侧宽度轮廓线

（7）完成外墙体基础平面轮廓线绘制。

▶ **操作提示**：按上述方法继续绘制外墙体基础平面轮廓线。

▶ **操作命令**：OFFSET、COPY、CHAMFER 等。

> **操作参考**：如图 7.7 所示。

图 7.7　完成外墙体基础平面轮廓线绘制

（8）绘制基础平面图中的柱子或构造柱平面造型。

> **操作提示**：柱子或构造柱平面布置位置及其大小按设计计算确定。在此构造柱与墙体等宽度。先新建立 1 个新的图层，可以命名为"构造柱"，然后在该图层中绘制构造柱轮廓线，因基础平面图比例一般为（1∶100）～（1∶200），所以填充实体"SOLID"图案即可。

> **操作命令**：PLINE、RECTANG、LINE、TRIM、CHAMFER、HATCH 等。

> **操作参考**：如图 7.8 所示。

图 7.8　柱子或构造柱平面造型绘制

（9）进行构造柱复制。

> **操作提示**：对大小相同的构造柱可以通过复制快速得到。复制时注意复制定位技巧，可以选择构造柱角点作为基点和墙体线交点进行定位复制。

> **操作命令**：COPY、MOVE 等。

> **操作参考**：如图 7.9 所示。

图 7.9　进行构造柱复制

（10）继续进行住宅楼基础平面构造柱的绘制。

▶ **操作提示**：按照建筑结构相关规范要求，合理布置构造柱并逐个复制或绘制。

▶ **操作命令**：PAN、ZOOM、COPY、PLINE、MOVE、SAVE 等。

▶ **操作参考**：如图 7.10 所示。

图 7.10　继续进行住宅楼基础平面构造柱的绘制

（11）标注基础剖切号。

▶ **操作提示**：剖切号编制按照结构计算所确定的墙体基础大小及类型等因素编制，一般按 1-1、2-2、…或 A-A、B-B、…等方式编制。剖切线使用 PLINE 绘制粗线。

▶ **操作命令**：PLINE、TEXT、MTEXT、SCALE、MOVE、ROTATE 等。

▶ **操作参考**：如图 7.11 所示。

图 7.11　标注基础剖切号

（12）绘制墙体其他位置和方向的基础剖切号。

▶ **操作提示**：绘制方法与上述相同，对相同的基础标注相同的编号。

▶ **操作命令**：COPY、PLINE、TEXT、MTEXT、SCALE、MOVE、ROTATE 等。

▶ **操作参考**：如图 7.12 所示。

（13）继续进行其他位置的基础剖切号标注，直至完成所有相关标注。

▶ **操作提示**：对有规律布置的墙体基础，可以按相同规律编制剖切号，或加以特别注明而不一一编制。

▶ **操作命令**：PLINE、TEXT、MTEXT、SCALE、MOVE、ROTATE、COPY 等。

▶ **操作参考**：如图 7.13 所示。

图 7.12　绘制墙体其他位置和方向的基础剖切号

图 7.13　继续进行其他位置的基础剖切号标注

（14）标注各个墙体基础宽度尺寸大小。

▶ **操作提示：**　标注尺寸是便于确认。一般从轴线到基础平面边线标注定位。

▶ **操作命令：**　DIMLINEAR、COPY、MOVE 等。

▶ **操作参考：**　如图 7.14 所示。

图 7.14　标注各个墙体基础宽度尺寸大小

（15）继续其他位置的基础大小标注。

▶ **操作提示：**　按照上述方法根据实际需要进行标注。限于篇幅，在此从略。

▶ **操作命令：**　DIMLINEAR、COPY、MOVE 等。

▶ **操作参考：**　如图 7.15 所示。

（16）标注基础结构图纸名称。

▶ **操作提示：**　图纸名称为"基础平面布置图"。

▶ **操作命令：**　PLINE、MTEXT、MOVE、SCALE、TEXT 等。

图 7.15　继续其他位置的基础大小标注

▷ **操作参考：** 如图 7.16 所示。

基础平面布置图　1:100

图 7.16　标注基础结构图纸名称

（17）完成住宅楼基础结构平面布置图绘制。

▷ **操作提示：** 按上述方法进行绘制或标注，直至完成所有图形文字尺寸。注意及时保存图形文件。

▷ **操作命令：** ZOOM、PLINE、PAN、SAVE、DIMLINEAR、TEXT、MTEXT、COPY、ROTATE、MOVE 等。

▷ **操作参考：** 如图 7.17 所示。

（18）插入图框，可以打印输出。

▷ **操作提示：** 图框使用设计单位的标准图框。绘制方法参考前面相关章节内容。

▷ **操作命令：** INSERT、SCALE、MOVE、ZOOM、SAVE 等。

▷ **操作参考：** 如图 7.18 所示。

7.1.2　砖混结构基础剖面图（大样图）CAD 快速绘制

（1）基础结构剖面图绘制比例。

▷ **操作提示：** 基础大样图，一般绘图比例为（1：20）～（1：50）比较合理。以上一小

图 7.17　完成住宅楼基础结构平面布置图绘制

图 7.18　插入图框

节基础平面图中"2-2"剖切位置为例绘制其剖面图大样图。本案例中的基础为条形基础。
其他类型基础按类似方法绘制即可。

▷ **操作命令：** 无。

▶ **操作参考**：如图 7.19 所示。

（2）基础大样图绘图比例设置。

▶ **操作提示**：基础大样图绘制时可以先按
1：100 的比例绘制，即 1m 按 1000mm 长度绘制。
然后根据大样图所需比例使用缩放功能命令
SCALE 进行该大样图缩放，如需要 1：50、1：20
的比例，则分别对应缩放 2、5 倍即可。标注尺寸
时需要设置标注线性比例为相应的比例 0.5、0.2。
否则标注的尺寸是放大后的距离长度大小
2000mm、5000mm，而不是 1000mm。

图 7.19 "2-2" 剖切位置

▶ **操作命令**：无。

▶ **操作参考**：如图 7.20 所示。

图 7.20 绘制大样图比例设置

（3）绘制基础截面底部宽度轮廓线。

▶ **操作提示**：基础截面底部宽度按设计计算确定其大小，为 880+240+880=2000mm。

▶ **操作命令**：LINE、PLINE、STRETCH、LENGTHEN、DIMLINEAR 等。

▶ **操作参考**：如图 7.21 所示。

图 7.21 绘制基础截面底部宽度轮廓线

（4）绘制基础截面底部轮廓线垂直方向的中线，然后绘制底部基础厚度及基础垫层轮廓线。

▷ **操作提示：** 基础轮廓尺寸大小根据结构设计计算确定。另外一半轮廓线以后可以通过进行镜像快速得到。中点位置可以利用捕捉功能"中点"定位确定位置。

▷ **操作命令：** LINE、PLINE、STRETCH、LENGTHEN、DIMLINEAR、OFFSET、TRIM、ZOOM 等。

▷ **操作参考：** 如图 7.22 所示。

图 7.22　绘制基础垫层轮廓线

（5）绘制基础截面轮廓线。

▷ **操作提示：** 倾斜轮廓线通过连接得到。

▷ **操作命令：** LINE、OFFSET、STRETCH、LENGTHEN、DIMLINEAR、ZOOM、PAN 等。

▷ **操作参考：** 如图 7.23 所示。

图 7.23　绘制基础截面轮廓线

（6）绘制基础上部墙体截面轮廓线。

▷ **操作提示：** 砖混结构的墙体厚度常见一般为 240mm、360mm 等。

▷ **操作命令：** LINE、OFFSET、STRETCH、LENGTHEN、DIMLINEAR、ZOOM、PAN、MOVE 等。

▷ **操作参考：** 如图 7.24 所示。

图 7.24　绘制基础上部墙体截面轮廓线

（7）进行镜像得到基础截面另外一半造型轮廓线。

▶ **操作提示**：以基础截面中线作为镜像轴线。

▶ **操作命令**：MIRROR、MOVE、ZOOM、SAVE 等。

▶ **操作参考**：如图 7.25 所示。

（8）绘制室外地面水平线。

▶ **操作提示**：填充图案根据样式确定，图案一般表示的
是夯实土壤的图案。

图 7.25　镜像得到基础截
面另外一半造型轮廓线

▶ **操作命令**：RECTANG、PLINE、LINE、MOVE、
HATCH 等。

▶ **操作参考**：如图 7.26 所示。

图 7.26　绘制室外地面水平线

（9）标注室外地面标高和说明文字。

▶ **操作提示**：建筑室内外高差按照建筑专业图纸确定，一般为 150～450mm 不等。

▶ **操作命令**：LINE、CHAMFER、MTEXT、TEXT、SCALE、MOVE 等。

▶ **操作参考**：如图 7.27 所示。

（10）绘制墙体的圈梁截面轮廓。

▶ **操作提示**：圈梁截面大小按结构设计计算确定。此处按墙体宽度 240mm、高
240mm 设计。

图 7.27　标注室外地面标高和说明文字

▶ **操作命令：** RECTANG、PLINE、POLYGON、LINE、OFFSET、MOVE 等。

▶ **操作参考：** 如图 7.28 所示。

图 7.28　绘制墙体的圈梁截面轮廓

（11）创建圈梁截面钢筋造型。

▶ **操作提示：** 使用 PEDIT 功能命令将线条加粗即可。圆形钢筋截面利用 CIRCLE、HATCH 功能命令可以快速得到。

▶ **操作命令：** PEDIT、CIRCLE、HATCH、COPY、MIRROR、MOVE 等。

▶ **操作参考：** 如图 7.29 所示。

图 7.29　创建圈梁截面钢筋造型

（12）创建墙体截面截断线。

▶ **操作提示：** 将多余的线条、文字删除。

▷ **操作命令**：LINE、TRIM、MOVE、ERASE、ZOOM、SAVE 等。

▷ **操作参考**：如图 7.30 所示。

图 7.30 创建墙体截面截断线

(13) 对墙体进行图案填充。

▷ **操作提示**：选择倾斜线作为填充图案。

▷ **操作命令**：ZOOM、PAN、HATCH、SAVE 等。

▷ **操作参考**：如图 7.31 所示。

(14) 创建基础底部截面钢筋造型。

▷ **操作提示**：使用 PLINE 功能命令，设置为一定宽度
的线（钢筋绘制方法可参考前面相关章节详细介绍）。

▷ **操作命令**：PLINE、MOVE、MIRROR 等。

图 7.31 对墙体进行图案填充

▷ **操作参考**：如图 7.32 所示。

图 7.32 创建基础底部截面钢筋造型

(15) 绘制基础底部截面圆形钢筋造型。

▷ **操作提示**：钢筋截面绘制方法可参考前面相关章节详细介绍。

▷ **操作命令**：CIRCLE、HATCH、COPY、MOVE、ZOOM、PAN 等。

▷ **操作参考**：如图 7.33 所示。

(16) 标注基础大样图截面尺寸和说明文字。

▷ **操作提示**：钢筋符号"Φ"在使用 MTEXT 命令输入"％％C"即可得到，标高
"±"符号在使用 MTEXT 命令输入"％％P"即可得到。Ⅱ级等各个等级钢筋符号需要使

图 7.33　绘制基础底部截面圆形钢筋造型

用专用 CAD 字体字库，具体使用方法参考前面相关章节论述。

▶ **操作命令**： DIMLINEAR、LINE、PLINE、CHAMFER、MOVE、MTEXT、TEXT、COPY、SCALE 等。

▶ **操作参考**： 如图 7.34 所示。

图 7.34　标注基础大样图截面尺寸和说明文字

（17）其他位置基础大样图按相同方法绘制。

▶ **操作提示**： 具体绘制过程，限于篇幅，在此从略。学习者可以按图 7.35 所示进行练习绘制。

▶ **操作命令**： 参考前面所述。

▶ **操作参考**： 如图 7.35 所示。

图 7.35　不同位置基础大样图

（18）双墙体基础大样图也可以按相同方法绘制。

▶ **操作提示：** 具体绘制过程，限于篇幅，在此从略。学习者可以按图7.36所示进行练习绘制。

▶ **操作命令：** 参考前面所述。

▶ **操作参考：** 如图7.36所示。

图7.36 双墙体基础大样图

7.2 钢筋混凝土结构基础图CAD快速绘制

钢筋混凝土结构是目前最为常见的结构形式之一，因此掌握钢筋混凝土结构基础图CAD绘制方法对结构设计师是很有必要的。本小节以1个钢筋混凝土结构公共建筑基础为例论述其快速绘制方法。因篇幅限制，以其中一部分平面图作为讲解案例内容，其他可以按相同方法绘制。

7.2.1 基础梁平面布置结构图CAD快速绘制

（1）调用建筑的建筑平面图（混凝土结构基础平面底图）。

▶ **操作提示：** 建筑平面图一般按建筑的最底层平面图作为底图，有地下室的为地下平面图。将无关的尺寸、文字及非承重隔墙等删除，保留建筑的柱子、混凝土墙体（剪力墙）等内容。建筑平面图由建筑专业提供，其具体绘制过程在此从略。为便于绘图，将其设置为浅色或者一个图层。

▶ **操作命令：** OPEN、INSERT、ERASE、ZOOM、SAVEAS、LAYER、PAN等。

▶ **操作参考：** 如图7.37所示。

图 7.37　调用建筑底层平面图（部分）

（2）将混凝土墙体和柱子填充为实体。

▶ **操作提示**：以辨识其是混凝土结构墙体或柱子。填充图案选择"SOLID"。

▶ **操作命令**：ZOOM、HATCH、BHATCH、PAN、SAVE 等。

▶ **操作参考**：如图 7.38 所示。

图 7.38　将混凝土墙体和柱子填充为实体

（3）继续进行填充，完成所有混凝土墙体。

▶ **操作提示**：填充范围按实际设计情况确定的钢筋混凝土墙体进行。

▶ **操作命令**：ZOOM、HATCH、BHATCH、PAN、SAVE 等。

▶ **操作参考**：如图 7.39 所示。

图 7.39 填充完成所有混凝土墙体

（4）绘制建筑基础梁平面轮廓线。

▶ **操作提示：** 建筑各个墙体基础梁平面大小按照结构计算确定的宽度大小绘制。快速绘制方法是通过偏移轴线，然后进行修剪编辑快速得到基础梁平面轮廓线。

▶ **操作命令：** OFFSET、TRIM、CHAMFER、ZOOM 等。

▶ **操作参考：** 如图 7.40 所示。

图 7.40 绘制建筑基础梁平面轮廓线

（5）然后将其线型修改为连续（CONTINUOUS）即可。

▶ **操作提示：** 快速方法是点击选中基础平面轮廓线，然后在工具栏中线型栏选择线型即可将该线条线型修改为新的线型。然后使用格式刷可以快速将其他线条修改为相同线型。

▶ **操作命令：** 窗口操作。

▶ **操作参考：** 如图 7.41 所示。

（6）绘制其他位置基础平面轮廓线。

▶ **操作提示：** 绘制方法按上述相同方法即可绘制。

▶ **操作命令：** OFFSET、TRIM、CHAMFER、STRETCH、COPY、MIRROR 等。

图 7.41 将其线型修改为连续

▶ **操作参考：** 如图 7.42 所示。

图 7.42 绘制其他位置基础平面轮廓线

（7）标注基础宽度尺寸大小。

▶ **操作提示：** 标注方式按设计要求进行。

▶ **操作命令：** ZOOM、DIMLINEAR、SAVE 等。

▶ **操作参考：** 如图 7.43 所示。

图 7.43 标注基础宽度尺寸大小

（8）标注基础梁配筋。

▶ **操作提示：** 基础梁的钢筋配置数量及大小按照结构计算确定的结果配置。各个等级钢筋符号的输入方法，一般使用专用字体即可（专用字体参见随书光盘中 CAD 结构专业符号字体）。此外，一级钢筋 Φ 可以使用 TEXT 功能命令输入 "％％C" 快速得到。

▷ **操作命令：** TEXT、MTEXT、ROTATE、SCALE、MOVE、COPY 等。

▷ **操作参考：** 如图 7.44 所示。

图 7.44 标注基础梁配筋

（9）标注基础梁编号、截面大小、配筋数量和大小。

▷ **操作提示：** 基础梁截面大小、配筋等按照设计计算确定。

▷ **操作命令：** LINE、TEXT、SCALE、MOVE、ROTATE、COPY、SAVE 等。

▷ **操作参考：** 如图 7.45 所示。

图 7.45 标注基础梁编号、截面大小、配筋数量和大小等

（10）标注其他位置基础梁的编号、配筋、剖切位置及编号等相关说明。

▷ **操作提示：** 相关数据按照结构设计计算。

▷ **操作命令：** LINE、PLINE、TEXT、COPY、MOVE、SCALE、ROTATE 、ZOOM 等。

▷ **操作参考：** 如图 7.46 所示。

（11）标注图名及相关说明文字。

▷ **操作提示：** 该图为"基础梁平面布置图"。其他说明文字按照设计需要进行标注。

▷ **操作命令：** PLINE、LINE、STRETCH、LENGTHEN、TEXT、MTXET、ZOOM、SCALE、MOVE、SAVE 等。

▷ **操作参考：** 如图 7.47 所示。

（12）完成基础梁平面布置图。

图 7.46　标注其他位置基础梁的相关说明

图 7.47　标注图名及相关说明文字

▶ **操作提示**：因幅面小，图纸中相关文字比较模糊，学习时建议打开 CAD 文件对比查看。

▶ **操作命令**：LINE、OFFSET、PLINE、ROTATE 、COPY、MOVE、DIMLINEAR、TEXT、MTEXT、SCALE、SAVEAS、ZOOM、PAN 等。

▶ **操作参考**：如图 7.48 所示。

7.2.2　钢筋混凝土结构基础大样图 CAD 快速绘制

（1）以上一节基础平面图中的"2-2"剖切截面大样图为例。

▶ **操作提示**：基础大样图具体形式、大小、配筋等以结构计算为准。

▶ **操作命令**：OPEN、ZOOM 等。

▶ **操作参考**：如图 7.49 所示。

（2）创建"2-2 剖切面"大样图的基础及其垫层轮廓线。

▶ **操作提示**：基础垫层及基础厚度尺寸大小根据结构设计及计算确定。常见基础垫层一般为 100～150mm。

▶ **操作命令**：LINE、OFFSET、MOVE、TRIM、CHMAFER、COPY 等。

▶ **操作参考**：如图 7.50 所示。

（3）绘制基础大样图轮廓线的折断线。

图 7.48　完成基础梁平面布置图

图 7.49　"2-2"剖切截面大样图

图 7.50　绘制大样图的基础及其垫层轮廓线

▷ **操作提示：** 折断线在结构设计中经常使用，可以作为单独图库保存，方便使用。

▷ **操作命令：** LINE、MOVE、TRIM 等。

> **操作参考：** 如图 7.51 所示。

图 7.51　绘制基础大样图轮廓线的折断线

（4）创建大样图中的外墙轮廓线。

> **操作提示：** 外墙墙体厚度按图纸设计。

> **操作命令：** LINE、OFFSET、TRIM、EXTEND、STRETCH、MOVE、LENGTHEN、ZOOM 等。

> **操作参考：** 如图 7.52 所示。

（5）勾画大样图中的墙体竖向钢筋造型。

图 7.52　创建大样图中的外墙轮廓线

> **操作提示：** 钢筋使用 PLINE 功能命令绘制，具有一定的宽度。钢筋造型具体方法可以参考前面相关章节的详细论述。

> **操作命令：** PLINE、MOVE、STRETCH、COPY 等。

> **操作参考：** 如图 7.53 所示。

（6）勾画大样图中的墙体横向（水平方向）钢筋造型。

> **操作提示：** 钢筋截面造型具体方法可以参考前面相关章节的详细论述。

图 7.53　勾画大样图中的墙体竖向钢筋造型

> **操作命令：** CIRCLE、HATCH、COPY、MOVE、MIRROR、ZOOM 等。

> **操作参考：** 如图 7.54 所示。

（7）绘制大样图中墙体拉筋（或箍筋）造型。

> **操作提示：** 弯头箍筋造型具体方法可以参考前面相关章节的详细论述。

> **操作命令：** PLINE、MIRROR、MOVE、STRETCH 等。

> **操作参考：** 如图 7.55 所示。

（8）进行复制，布置墙体钢筋拉筋。

图 7.54　勾画大样图中的墙体横向（水平方向）钢筋造型

图 7.55　绘制大样图中墙体拉筋（或箍筋）造型

▶ **操作提示：** 墙体钢筋拉筋布置数量仅为示意性。

▶ **操作命令：** COPY、MOVE 等。

图 7.56　复制布置墙体钢筋拉筋

▶ **操作参考：** 如图 7.56 所示。

（9）标注大样图标高、大小和构造要求等相关说明文字。

▶ **操作提示：** 相关说明文字按照结构设计要求确定。laE 为结构钢筋锚固要求，按照设计及国家规范确定其大小等。

▶ **操作命令：** PLINE、LINE、TRIM、CHAMFER、 MOVE、 DIMLINEAR、 ARC、TEXT、MEXT、SCALE 等。

▶ **操作参考：** 如图 7.57 所示。

（10）标注大样图中的钢筋数量和大小等。

▶ **操作提示：** 钢筋数量和大小按照结构设计及计算确定的结果配置。Ⅱ级等各个等级钢筋符号需要使用专用 CAD 字体字库，具体使用方法参考前面相关章节论述。此外，一级钢筋 Φ 可以使用 TEXT 功能命令输入 "％％C" 快速得到。

▶ **操作命令：** LINE、TRIM、TEXT、MOVE、SCALE、COPY 等。

▶ **操作参考：** 如图 7.58 所示。

图 7.57　标注大样图标高、大小和构造要求等相关说明文字

图 7.58　标注大样图中的钢筋数量和大小等

(11) 绘制及标注大样图剖切号。

▷ **操作提示：** 剖切号使用较大的字体。

▷ **操作命令：** PLINE、MTEXT、SCALE、MOVE 等。

▷ **操作参考：** 如图 7.59 所示。

图 7.59　绘制及标注大样图剖切号

(12) 绘制其他基础大样图。

▷ **操作提示：** 其他基础大样图按类似方法进行绘制，限于篇幅，在此从略。

▶ **操作命令：** PLINE、TRIM、CIRCLE、HATCH、COPY、MOVE、EXTEND、STRETCH、ROTATE、CHAMFER、MTEXT、DIMLINEAR、TEXT 等。

▶ **操作参考：** 如图 7.60 所示。

4—4

图 7.60　绘制其他基础大样图

（13）继续绘制，完成其他钢筋混凝土结构部分基础大样图。

▶ **操作提示：** 将其布置在一张图幅中。

▶ **操作命令：** SAVE、ZOOM、PLOT 等。

▶ **操作参考：** 如图 7.61 所示。

图 7.61　钢筋混凝土结构部分基础大样图

7.3　桩基结构图 CAD 快速绘制

在高层建筑结构中，桩基是比较常用的基础之一。本小节将详细论述桩基平面布置图、桩承台及桩基配筋图的快速 CAD 绘制方法。

7.3.1　建筑桩基平面布置图 CAD 快速绘制

（1）创建桩基轴网。

▷ **操作提示：** 按照建筑图确定的建筑结构轴线，绘制桩基位置轴线。轴线一般与建筑专业一致，由建筑专业提供即可。

▷ **操作命令：** LINE、OFFSET、CIRCLE、TEXT、COPY、MTEXT、DIMLINEAR、ZOOM、SAVE 等。

▷ **操作参考：** 如图 7.62 所示。

图 7.62　创建桩基轴网

（2）绘制桩基定位线。

▷ **操作提示：** 以其中 1 个桩基承台的桩基定位为例。桩基大小、位置及布置数量、间距等依据结构设计计算确定。

▷ **操作命令：** LINE、OFFSET、STRETCH、DIMLINEAR、MIRROR、ZOOM 等。

▷ **操作参考：** 如图 7.63 所示。

图 7.63　绘制桩基定位线

(3) 创建桩基轮廓线。

▶ **操作提示**：桩基一般为圆形，大小按照结构设计计算确定的桩基大小选取，本案例桩基按直径 800mm 选取。

▶ **操作命令**：CIRCLE、COPY、MOVE 等。

▶ **操作参考**：如图 7.64 所示。

图 7.64　创建桩基轮廓线

(4) 进行其他位置桩基承台绘制。

▶ **操作提示**：绘制方法与前述相同。桩基承台位置及大小等按照结构专业设计计算确定的位置与大小配置。对相同的可以利用复制、镜像等快速得到。

▶ **操作命令**：PLINE、OFFSET、STRETCH、COPY、MIRROR、DIMLINEAR、MOVE 等。

▶ **操作参考**：如图 7.65 所示。

图 7.65　进行其他位置桩基承台绘制

(5) 绘制建筑核心筒下的桩基布置图。

▶ **操作提示**：建筑核心筒下的桩基布置特点是布置的桩基比较多，其数量和大小等按照结构计算确定的结果进行布置。

▶ **操作命令**：PLINE、LINE、OFFSET、STRETCH、CIRCLE、COPY、MIRROR、MOVE、ZOOM、SAVE、PAN、DIMLINEAR 等。

▷ **操作参考：** 如图 7.66 所示。

图 7.66　绘制建筑核心筒下的桩基布置图

（6）继续进行桩基布置图绘制，直至完成全部桩基结构布置。

▷ **操作提示：** 对对称的图形，通过复制或镜像快速得到。

▷ **操作命令：** LINE、CIRCLE、MOVE、COPY、MIRROR、DIMLINEAR 等。

▷ **操作参考：** 如图 7.67 所示。

图 7.67　完成全部桩基结构布置

（7）对桩基进行编号。

▷ **操作提示：** 每根桩基编号是唯一的，不能相同或重复。编号方法按照结构设计确定。

▷ **操作命令：** TEXT、MTEXT、COPY、MOVE、SCALE、ZOOM 等。

▷ **操作参考：** 如图 7.68 所示。

图 7.68　对桩基进行编号

（8）标注桩基布置图相关说明和图名。

▶ **操作提示：** 桩基布置图相关说明依据设计需要进行标注。对说明较多的，建议使用 MTEXT 功能命令。

▶ **操作命令：** MTEXT、TEXT、SCALE、MOVE、PLINE、LINE 等。

▶ **操作参考：** 如图 7.69 所示。

图 7.69　标注桩基布置图相关说明和图名

（9）插入图框，完成桩基平面布置图绘制。

▶ **操作提示：** 图框使用各个设计单位的专用图框。

▶ **操作命令：** INSERT、COPYCLIP、PASTECLIP、MOVE、SCALE、SAVE 等。

▶ **操作参考：** 如图 7.70 所示。

7.3.2　建筑桩承台及桩基配筋图 CAD 快速绘制

（1）绘制桩承台轮廓线。

▶ **操作提示：** 桩承台造型轮廓根据结构计算结果确定的大小、型式绘制。定位小方框可以绘制辅助线及捕捉功能进行准确定位，最后删除辅助线即可。

图 7.70 完成桩基平面布置图绘制

▷ **操作命令：** PLINE、LINE、OFFSET、TRIM、CHAMFER、RECTANG、DIM-LINEAR 等。

▷ **操作参考：** 如图 7.71 所示。

（2）布置桩承台中的桩基。

▷ **操作提示：** 桩承台中的桩基数量、间距和位置等按照结构计算结果确定。

图 7.71 绘制桩承台轮廓线

▷ **操作命令：** CIRCLE、MOVE、SCALE、DIMLINEAR、COPY、MIRROR 等。

▷ **操作参考：** 如图 7.72 所示。

（3）绘制桩承台钢筋配筋轮廓线。

▷ **操作提示：** 钢筋配筋位置和数量仅为示意，水平和竖直方向各绘制 1 条粗线即可。

图 7.72　布置桩承台中的桩基

箭头造型使用 PLINE 功能命令即可快速绘制。

▶ **操作命令**：PLINE、STRETCH、TRIM、LINE、CIRCLE、MOVE、COPY、MIRROR 等。

▶ **操作参考**：如图 7.73 所示。

图 7.73　绘制桩承台钢筋配筋轮廓线

（4）标注桩承台配筋数量等。

▶ **操作提示**：包括桩承台配筋数量、剖切号、图名等，其中竖直方向标注通过旋转得到。钢筋符号使用专用字体。

▶ **操作命令**：TEXT、COPY、ROTATE、SCALE、MOVE、PLINE、MIRROR、MTEXT、SAVE 等。

▶ **操作参考**：如图 7.74 所示。

图 7.74　标注桩承台配筋数量等

（5）完成桩承台平面图绘制。

▷ **操作提示：** 缩放视图观察绘制效果，及时修改和保存图形。

▷ **操作命令：** ZOOM、SAVE 等。

▷ **操作参考：** 如图 7.75 所示。

（6）绘制桩承台剖面图。

▷ **操作提示：** 以"2-2"剖切位置绘制其剖面图。先绘制桩承台上部轮廓线造型。

▷ **操作命令：** LINE、CHAMFER、MIRROR、TRIM、MOVE 等。

▷ **操作参考：** 如图 7.76 所示。

承台CT2配筋大样 1:100

图 7.75　完成桩承台平面图绘制

图 7.76　绘制桩承台上部轮廓线造型

图 7.77　创建桩承台底部轮廓线

（7）创建桩承台底部轮廓线。

▷ **操作提示：** 承台厚度、长度等按照结构计算确定结果绘制。绘制时利用承台中线作为辅助线。

▷ **操作命令：** OFFSET、STRE-TCH、TRIM、LINE、DIMLINEAR 等。

▷ **操作参考：** 如图 7.77 所示。

（8）勾画承台剖面图的倾斜轮廓线。

▷ **操作提示：** 倾斜轮廓线通过旋转得到。

▷ **操作命令：** LINE、ROTATE、MOVE、CHAMFER、TRIM 等。

▷ **操作参考：** 如图 7.78 所示。

图 7.78　勾画承台剖面图的倾斜轮廓线

（9）进行镜像得到整个桩承台剖面图轮廓。

▷ **操作提示：** 以中线作为镜像轴线。

▷ **操作命令：** LINE、CHAMFER、TRIM、MIRROR 等。

▶ **操作参考**：如图 7.79 所示。

图 7.79　镜像得到桩承台剖面图轮廓

（10）创建桩承台剖面图钢筋造型。

▶ **操作提示**：钢筋造型可以通过偏移承台轮廓线，然后使用 PEDIT 功能命令加粗即可得到。

▶ **操作命令**：OFFSET、STRETCH、LENGTHEN、PEDIT、MIRROR 等。

▶ **操作参考**：如图 7.80 所示。

图 7.80　创建桩承台剖面图钢筋造型

（11）创建桩承台剖面图钢筋截面造型。

▶ **操作提示**：使用 CIRCLE、HATCH 功能快速得到钢筋截面造型。

▶ **操作命令**：CIRCLE、HATCH、COPY、MOVE、COPY、SAVE 等。

▶ **操作参考**：如图 7.81 所示。

图 7.81　创建桩承台剖面图钢筋截面造型

（12）在桩承台剖面图中部增加配筋钢筋。

▶ **操作提示**：按照设计计算要求在桩承台剖面图中部增加配筋钢筋。

▶ **操作命令**：PLINE、CIRCLE、HATCH、COPY、MOVE 等。

▶ **操作参考：** 如图 7.82 所示。

图 7.82 在桩承台剖面图中部增加配筋钢筋

（13）在承台底部创建桩基造型轮廓。

▶ **操作提示：** 承台底部创建桩基造型轮廓仅为示意其与承台的关系，可以将其线型设置为虚线。

▶ **操作命令：** LINE、OFFSET、ARC、MIRROR、TRIM、COPY、MOVE 等。

▶ **操作参考：** 如图 7.83 所示。

图 7.83 在承台底部创建桩基造型轮廓

（14）复制多个桩基造型。

▶ **操作提示：** 桩基数量按照承台剖面图的位置关系确定。此处仅为示意。

▶ **操作命令：** COPY、MIRROR 等。

▶ **操作参考：** 如图 7.84 所示。

（15）标注桩承台剖面图钢筋配筋参数。

▶ **操作提示：** 标注其中的字母尺寸时，可以先按数字标注，然后利用属性功能在属性表中将数字修改为字母参数，如"Ld"。

▶ **操作命令：** LINE、TEXT、MTEXT、SCALE、MOVE、COPY、ROTATE 等。

▶ **操作参考：** 如图 7.85 所示。

（16）继续进行桩承台剖面图标注。

▶ **操作提示：** 包括钢筋、说明及剖切号等。

▶ **操作命令：** LINE、TEXT、COPY、ROTATE、SCALE、MOVE 等。

图 7.84　复制多个桩基造型

图 7.85　标注桩承台剖面图钢筋配筋参数

▶ **操作参考**：如图 7.86 所示。

图 7.86　继续进行桩承台剖面图标注

（17）完成桩承台剖面图绘制。

▶ **操作提示**：根据设计进行修改完善。

▶ **操作命令**：LINE、ZOOM 等。

▶ **操作参考**：如图 7.87 所示。

（18）其他桩承台绘制。

▶ **操作提示**：绘制方法与前述承台绘制方法相同。限于篇幅，具体绘制过程在此从略。

▶ **操作命令**：PLINE、LINE、CIRCLE、COPY、MIRROR、TEXT、SCALE、CHAM-FER、TRIM、EXTEND、SAVE 等。

承台 CT2 配筋大样 1:100

2-2 1:50

图 7.87 完成桩承台剖面图绘制

▶ **操作参考**： 如图 7.88 所示。

1-1 1:50

承台 CT1 配筋大样 1:100　　　　承台 CT3 配筋大样 1:100

图 7.88 其他桩承台绘制

（19）布置图框，将桩承台布置在一张图框中。

▶ **操作提示**： 将桩承台布置在一张图框中。图框使用设计单位的专用图框。

▶ **操作命令**： COPYCLIP、PASTECLIP、SCALE、MOVE、ROTATE、SAVE 等。

▶ **操作参考**： 如图 7.89 所示。

7.3.3　混凝土灌注桩配筋图 CAD 快速绘制

（1）绘制混凝土灌注桩轮廓及竖向（桩基长度方向）钢筋。

▶ **操作提示**： 灌注桩的大小和钢筋配筋按照结构计算。

▶ **操作命令**： LINE、OFFSET、STRETCH、PLINE、PEDIT、MOVE、DIMLINEAR 等。

▶ **操作参考**： 如图 7.90 所示。

（2）创建混凝土灌注桩圆形螺旋箍筋造型。

▶ **操作提示**： 混凝土灌注桩圆形钢筋以实线和虚线表示。

图 7.89 将桩承台布置在一张图框中

图 7.90 绘制混凝土灌注桩轮廓及竖向钢筋

▶ **操作命令：** PLINE、ROTATE 、EXTEND、TRIM、MOVE 等。

▶ **操作参考：** 如图 7.91 所示。

（3）继续进行灌注桩箍筋造型绘制。

▶ **操作提示：** 通过复制和拉伸快速得到。箍筋造型仅是示意性布置一些。

▶ **操作命令：** COPY、STRETCH 等。

▶ **操作参考：** 如图 7.92 所示。

（4）创建灌注桩上部基础造型轮廓。

▶ **操作提示：** 灌注桩上部承台或基础造型轮廓仅为示意，表示灌注桩与承台基础的位

图 7.91　创建混凝土灌注桩圆形螺旋箍筋造型

图 7.92　继续进行灌注桩箍筋造型绘制

置关系。

▷ **操作命令:** LINE、CHAMFER、TRIM、OFFSET、TRIM、ZOOM 等。

▷ **操作参考:** 如图 7.93 所示。

图 7.93　创建灌注桩上部基础造型轮廓

（5）创建灌注桩底部基础造型轮廓。

▷ **操作提示:** 灌注桩底部基础造型轮廓仅为示意，表示桩基底部土层关系。

▷ **操作命令:** PLINE、RECTANG、TRIM、HATCH 等。

▷ **操作参考:** 如图 7.94 所示。

（6）删除底部造型部分图形。

▷ **操作提示:** 使其显得效果逼真。需要对填充图案先分解（EXPLORE）。

▷ **操作命令:** EXPLORE、ERASE 等。

▷ **操作参考:** 如图 7.95 所示。

图 7.94　创建灌注桩底部基础造型轮廓

图 7.95　删除底部造型部分图形

（7）对灌注桩进行标注。

▷ **操作提示：** 标注包括标高、尺寸、混凝土等。

▷ **操作命令：** LINE、TRIM、TEXT、SCALE、MTEXT、PLINE、MOVE、COPY 等。

▷ **操作参考：** 如图 7.96 所示。

图 7.96　对灌注桩进行标注

（8）标注灌注桩钢筋配筋等。

▷ **操作提示：** 包括桩基的配筋钢筋数量、底部土层情况等相关参数文字。

▷ **操作命令：** LINE、PLINE、COPY、ROTATE、STRETCH、TEXT、MTEXT、SCALE、MOVE、ZOOM、PAN、TRIM、CHAMFER 等。

▷ **操作参考：** 如图 7.97 所示。

（9）标注灌注桩剖切号、图名等。

▷ **操作提示：** 灌注桩剖切号是绘制其截面的位置。

图 7.97　标注灌注桩钢筋配筋等

▶ **操作命令：** PLINE、MTEXT、SCALE、MIRROR、COPY、LINE、MOVE 等。

▶ **操作参考：** 如图 7.98 所示。

桩大样图

图 7.98　标注灌注桩剖切号、图名等

（10）绘制灌注桩截面轮廓。

▶ **操作提示：** 偏移生成 1 个同心圆作为箍筋造型轮廓。

▶ **操作命令：** CIRCLE、OFF-SET 等。

▶ **操作参考：** 如图 7.99 所示。

（11）创建灌注桩箍筋造型。

▶ **操作提示：** 通过剪切、编辑加粗和镜像快速得到圆形箍筋造型。

▶ **操作命令：** LINE、TRIM、PEDIT、MIRROR、ERASE 等。

图 7.99　绘制灌注桩截面轮廓

▶ **操作参考：** 如图 7.100 所示。

（12）绘制灌注桩长度方向钢筋造型。

▶ **操作提示：** 通过环形阵列快速得到。

▶ **操作命令：** CIRCLE、HATCH、ARRAY、SCALE 等。

▶ **操作参考：** 如图 7.101 所示。

图 7.100   创建灌注桩箍筋造型

[二维线框]

图 7.101   绘制灌注桩长度方向钢筋造型

（13）标注灌注桩截面配筋及相关说明文字。

▷ **操作提示：** 配筋情况按结构计算结果确定。钢筋符号使用专用字体。

▷ **操作命令：** LINE、TRIM、PLINE、TEXT、MTEXT、SCALE、MOVE、RO-TATE、STRETCH 等。

▷ **操作参考：** 如图 7.102 所示。

图 7.102   标注灌注桩截面配筋及相关说明文字

（14）完成灌注桩大样图绘制。

▷ **操作提示：** 将截面和灌注桩布置在同一图框中。

▷ **操作命令：** MOVE、ZOOM、SAVE 等。

▷ **操作参考：** 如图 7.103 所示。

（15）创建灌注桩配筋图相关说明表格。

▷ **操作提示：** 灌注桩配筋图相关说明表格用于说明灌注桩的相关参数。表格绘制使用 LINE 和 OFFSET 等功能命令可以快速得到，表格行数、列数及其宽度按需要确定。

桩大样图

图 7.103　完成灌注桩大样图绘制

▶ **操作命令：** LINE、OFFSET、TRIM、CHAMFER、MOVE 等。

▶ **操作参考：** 如图 7.104 所示。

图 7.104　创建灌注桩配筋图相关说明表格

（16）标注灌注桩相关参数文字。

▶ **操作提示：** 包括灌注桩编号、标高、灌注桩数量和混凝土强度等级等各种要求。

▶ **操作命令：** TEXT、MTEXT、SCALE、MOVE、COPY 等。

▶ **操作参考：** 如图 7.105 所示。

钻孔灌注桩参数表

位置	桩 号	桩顶标高	桩底标高（相对控制值）	混凝土强度	桩根数
核心筒	P071～P074,P086～P089,P101～P104, P122～P124,P127～P132,P142～P147, P161,P162,P176～P181,P191～P196, P206～P211,P221～P226,P236,P237,	−20.03	−45.00	C40	82
	P454～P475,P745～P765,P802	−20.03	−45.00	C40	44
柱下承台	P476～P495,P544～P559,P561～P566,P560, P568～P571,P642～P675,P725～P744, P786,P789,P801	−19.33	−45.00	C40	104
	P411～P423,P440～P453,P497～P543,P572～P577, P597～P602,P620～P641,P676～P723,P604～P610,	−17.83	−43.00	C40	184
其他	P424～P439,P784,P785	−18.03	−43.00	C40	18
	P580～P583,P766,P767,P781,P782	−18.53	−44.00	C40	8
	P567,P584～P588,P591～P594, P769～P773,P776～P780	−17.83	−45.00	C40	20

图 7.105 标注灌注桩相关参数文字

（17）标注灌注桩设计相关说明及技术要求。

▷ **操作提示**：相关技术要求按照结构计算及施工要求进行标注。

▷ **操作命令**：MTEXT、SCALE、MOVE、SAVE 等。

▷ **操作参考**：如图 7.106 所示。

说明：

　　1. 本图标高为建筑相对标高，相对标高±0.00 等于绝对标高＋30.90m。

　　2. 成孔过程中应保持孔内的泥浆面至少高于地下水位 2m。

　　3. 本工程采用机械钻孔灌注桩，桩径 φ800，所采用的钻头应满足设计桩径要求。

　　4. 桩顶标高的施工误差不得超过±50mm；桩尖标高的施工误差不得超过±100mm；桩孔垂直度施工偏差应小于 1/100；桩位误差不得大于 100mm。

　　5. 桩头防水大样详见标准图集 02J301《地下建筑防水构造》。

　　6. 建筑桩基安全等级：一级；桩基设计等级：甲级。

图 7.106 标注灌注桩设计相关说明及技术要求

（18）将灌注桩相关图形布置在同一图纸中。

▷ **操作提示**：插入图框，完成灌注桩大样图绘制。

▷ **操作命令**：MOVE、ZOOM、COPYCLIP、PASTECLIP、SAVE 等。

▷ **操作参考**：如图 7.107 所示。

钻孔灌注桩参数表

位置	桩号	桩顶标高	桩底标高(相对控制值)	混凝土强度	桩根数
核心筒	P071~P074, P088~P089,P101~P104, P122~P124, P127~P132, P142~P147, P161~P162, P176~P181, P191~P196, P206~P211, P221~P226, P236, P237,	−20.03	−45.00	C40	82
	P454,P475, P745,P765,P802	−20.03	−45.00	C40	44
柱下承台	P476~P495, P544~P559, P561~P566, P660, P568~P571, P642~P675, P725~P744, P786、P789、 P801	−19.33	−45.00	C40	104
	P411~P423, P440~P453, P497~P543, P672~P677, P697~P602, P620~P641, P676~P723, P604~P610,	−17.83	−43.00	C40	184
其他	P424~P439, P784,P785	−18.03	−43.00	C40	18
	P580~P583, P766,P767, P781,P782	−18.63	−44.00	C40	8
	P567, P584~P588,P591~P594, P789,P773, P776~P780	−17.83	−45.00	C40	20

桩大样图

A—A

说明:
1.本图标高为建筑相对标高，相对标高±0.00等于绝对标高+30.90m。
2.成孔过程中应保持孔内的泥浆面至少高于地下水位2m。
3.本工程采用机械钻孔需注桩，桩径φ100,所采用的钻头应设计桩径要求
4.桩顶标高的施工误差不得超过±60mm;桩尖标高的施工误差不得超过
　±100mm;桩孔垂直度施工偏差应小于1/100;桩位误差不得大于100mm。
5.桩头防水大样详见标准图集02J301《地下建筑防水构造》。
6.建筑桩基安全等级：一级：桩基设计等级：甲级。

图 7.107　完成灌注桩大样图绘制

第8章

建筑楼板及梁结构图CAD快速绘制

本章以常见建筑结构（砖混结构、钢筋混凝土结构）的楼板、梁作为案例，详细介绍如何使用CAD进行建筑楼板和梁相关结构施工图纸绘制方法。其他结构类型的绘制方法类似，限于篇幅，在此从略。

为便于学习提高CAD绘图技能，本书通过互联网相关平台提供本章结构设计绘制实例的CAD图形（dwg格式图形文件），读者连接互联网后登录到如下地址即可进行案例图形CAD文件下载。本案例图形文件仅供学习参考。

◆ 百度云盘（下载地址为：http://pan.baidu.com/s/1c2KAHaC，其中"1c2KAHaC"中的"1"为数字）。

8.1 砖混结构楼板及梁施工图 CAD 快速绘制

砖混结构是最为常见的建筑结构形式之一，一般常用于6层及6层以下建筑中。分别以砖混结构中常见的现浇楼板和预制楼板形式进行论述。

8.1.1 砖混结构预制楼板布置图 CAD 快速绘制

（1）打开标准层建筑平面图，进行修改作为楼层结构底图。

▷ **操作提示：** 删除结构布置不需要的文字、尺寸、图形等。本案例为6层砖混结构住宅建筑，其楼板采用预制楼板结构，层高2700mm。

▷ **操作命令：** OPEN、ERASE、SAVEAS、ZOOM、PAN等。

▷ **操作参考：** 如图8.1所示。

（2）给修改完成的标准层结构施工图绘制底图。

▷ **操作提示：** 单独保存一份，以便供绘制楼板、梁及构造柱等结构施工图使用。

▷ **操作命令：** ERASE、MOVE、TEXT、MTEXT、SAVEAS等。

▷ **操作参考：** 如图8.2所示。

（3）在其中1个户型的客厅绘制对角线，然后标注预制空心板的数量和型号规格等参数。

图 8.1　打开标准层建筑平面图

图 8.2　给修改完成的标准层结构施工图绘制底图

▶ **操作提示**：YKB 表示预制空心板。预制空心板按照结构设计计算，使用当地标准图集选择合适的型号。目前采用预制空心板的建筑越来越少。

▶ **操作命令**：LINE、TRIM、MOVE、TEXT、MTEXT、ROTATE 等。

▶ **操作参考**：如图 8.3 所示。

（4）绘制户型其他房间的预制空心板型号和数量等。

▶ **操作提示**：XB 表示为现浇板。一般卫生间和厨房采用现浇板，以取得良好的防水性能。

▶ **操作命令**：PLINE、LINE、EXTEND、TRIM、COPY、TEXT、MOVE、SCALE、MTEXT、ZOOM 等。

图 8.3　标注客厅预制空心板

▶ **操作参考**：如图 8.4 所示。

图 8.4　绘制户型其他房间的预制空心板

（5）完成该户型的预制空心板楼板布置。

▶ **操作提示**：楼梯一般单独绘制其结构图，在此标志其图号即可。

▶ **操作命令**：LINE、COPY、ROTATE、TEXT、SCALE、MTEXT、MOVE 等。

▶ **操作参考**：如图 8.5 所示。

图 8.5 完成该户型的预制空心板楼板布置

（6）单元另一户型按相同方法进行绘制。

▷ **操作提示**：如单元户型布置对称，可以通过复制或镜像直接得到对称户型的楼板布置图。进行镜像的镜像轴线是单元中线。

▷ **操作命令**：MIRROR、COPY 等。

▷ **操作参考**：如图 8.6 所示。

图 8.6 绘制另一户型按相同方法

（7）标注说明文字等。

▷ **操作提示**：对图名也进行修改，修改为"标准层立面板结构布置图"。说明文字按照工程实际设计需要进行一些补充说明。

▷ **操作命令**：MTEXT、TEXT、PLINE、LINE、SCALE、MOVE 等。

▷ **操作参考**：如图 8.7 所示。

图 8.7　标注说明文字等

（8）完成砖混结构预制空心板楼板结构布置。

▶ **操作提示：** 本案例仅选取了一栋住宅建筑的 1 个单元进行论述，更多单元的绘制方法按此相同，具体案例限于篇幅，在此从略。

▶ **操作命令：** ZOOM、SAVE 等。

▶ **操作参考：** 如图 8.8 所示。

图 8.8　完成砖混结构预制空心板楼板结构布置

8.1.2　砖混结构现浇楼板梁配筋图 CAD 快速绘制

（1）打开砖混结构建筑平面图（标准层），修改为建筑结构绘图底图。

▶ **操作提示：** 建筑平面图由建筑专业提供。删除不需要的相关文字、尺寸等。此案例为 4 层砖混结构办公楼建筑。层高 3.3m。

▶ **操作命令：** OPEN、ERASE、ZOOM、MOVE、PAN、STRETCH、SAVEAS 等。

▶ **操作参考：** 如图 8.9 所示。

办公楼标准层平面 1:100

(a) 修改前建筑平面图

办公楼标准层平面 1:100

(b) 按结构绘图需要进行修改

图 8.9　修改为建筑结构绘图底图

（2）绘制砖混结构中的梁（过梁）轮廓线。

▶ **操作提示：** 将砖混结构平面图中有梁的位置洞口（包括门洞、窗户洞口）连接，以方便绘制楼板结构图。梁的布置按照结构设计计算。

▶ **操作命令：** LINE、OFFSET、STRETCH、TRIM、MOVE、COPY 等。

▶ **操作参考：** 如图 8.10 所示。

图 8.10　绘制砖混结构中的梁(过梁)轮廓线

（3）绘制房间楼板受力主筋造型。

▶ **操作提示：** 此种结构一般按板式结构（单向板或双向板）配筋。钢筋使用 PLINE 功能命令绘制，注意设置一定宽度即可。关于钢筋造型更为详细的绘制方法参见前面相关章节论述。

▶ **操作命令：** PLINE、STRETCH、MOVE、ROTATE、COPY 等。

▶ **操作参考：** 如图 8.11 所示。

图 8.11　绘制房间楼板受力主筋造型

（4）绘制楼板分布筋造型。

▶ **操作提示：** 分布筋长度及布置方法按结构设计计算的结果确定。分布筋造型是直角造型，同样使用 PLINE 绘制。其他房间楼板配筋图按此方法绘制即可。

▶ **操作命令：** PLINE、COPY、MIRROR、STRETCH、ROTATE 等。

▶ **操作参考：** 如图 8.12 所示。

（5）标注楼板钢筋规格型号数量。

▶ **操作提示：** 楼板钢筋规格型号数量依据结构计算结果进行标注。钢筋符号除Ⅰ级钢筋可以使用"%%C"快速得到外，其他等级钢筋符号需要使用专用字体。

▶ **操作命令：** TEXT、MTEXT、SCALE、MOVE、ROTATE、COPY 等。

▶ **操作参考：** 如图 8.13 所示。

图 8.12 绘制楼板分布筋造型

图 8.13 标注楼板钢筋规格型号数量

（6）标注楼板分布筋规格型号数量。

▷ **操作提示：** 楼板分布筋规格型号数量依据结构计算结果进行标注。Ⅰ级钢筋可以使用 "%%C" 快速得到，"@" 符号使用键盘直接输入得到。

▷ **操作命令：** TEXT、SCALE、MOVE、COPY、ROTATE、MTEXT 等。

▷ **操作参考：** 如图 8.14 所示。

图 8.14 标注楼板分布筋规格型号数量

（7）标注楼板钢筋的长度等参数。

> **操作提示：** 楼板钢筋长度依据结构设计计算结果确定。

> **操作命令：** DIMLINEAR、ZOOM、PAN 等。

> **操作参考：** 如图 8.15 所示。

图 8.15　标注楼板钢筋的长度等参数

（8）对楼板钢筋进行编号。

> **操作提示：** 是否编号取决于设计需要。

> **操作命令：** CIRCLE、TEXT、MTEXT、SCALE、MOVE、COPY、ROTATE 等。

> **操作参考：** 如图 8.16 所示。

图 8.16　对楼板钢筋进行编号

（9）标注楼板厚度和楼层标高等参数。

> **操作提示：** 标注楼板厚度依据结构计算结果确定。

> **操作命令：** LINE、STRETCH、TEXT、MTEXT、SCALE、COPY 等。

> **操作参考：** 如图 8.17 所示。

（10）对楼梯和雨篷等其他部位结构进行说明。

> **操作提示：** 楼梯和雨篷等其他部位结构一般另外绘制详细的施工图。

> **操作命令：** LINE、TEXT、SCALE、MOVE 等。

> **操作参考：** 如图 8.18 所示。

图 8.17　标注楼板厚度和楼层标高等参数

图 8.18　标注局部结构图说明文字

（11）绘制楼板配筋图图名及标注图纸说明。

▷ **操作提示：** 绘制楼板配筋图图名及标注图纸说明。

▷ **操作命令：** TEXT、MTEXT、SCALE、MOVE、ROTATE、COPY 等。

▷ **操作参考：** 如图 8.19 所示。

说明：

1. 未注明板厚为 h=100mm。
2. 卫生间楼板面标高应低于相应楼板面标高20mm。
3. 未注明楼板分布钢筋均采用Φ8@150。
4. 楼板混凝土强度等级为C20，梁及构造柱等详见结施08。

图 8.19　绘制楼板配筋图图名及标注图纸说明

（12）完成办公楼标准层楼板配筋图绘制。

▷ **操作提示：** 及时保存图形以免丢失数据。

▷ **操作命令：** ZOOM、SAVE 等。

▷ **操作参考：** 如图 8.20 所示。

图 8.20　办公楼标准层楼板配筋图

（13）其他楼层楼板（例如坡屋面楼板配筋图）配筋图绘制。

▶ **操作提示：** 其他楼层楼板配筋图（例如坡屋面楼板配筋图）绘制方法与前述相似，限于篇幅，具体绘制方法在此从略。

▶ **操作命令：** PLINE、LINE、TRIM、TEXT、MOVE、COPY、ROTATE 、STRETCH、CHAMFER 等。

▶ **操作参考：** 如图 8.21 所示。

8.1.3　砖混结构现浇梁配筋图 CAD 快速绘制

（1）打开梁平面布置位置图（标准层楼板配筋图）。

▶ **操作提示：** 以某 3 层砖混结构办公楼的简支梁为例说明梁大样图快速绘制方法。砖混结构中最为常见的是简支梁。本小节以图中云线所示的梁 L-3 配筋图为例进行论述。

▶ **操作命令：** OPEN、SAVEAS 等。

▶ **操作参考：** 如图 8.22 所示。

（2）依据梁平面位置图绘制梁大样图位置轴线。

▶ **操作提示：** 梁大样图按 1∶50 的比例进行绘制（即 5400 的梁实际绘制长度为 10800），进行尺寸标注时调整“标注线性比例”为 0.5 即可准确标注尺寸，为设计大小的尺寸 5400（“标注线性比例”为 1 则标注为绘图尺寸 10800）。

图 8.21　坡屋面楼板配筋图

操作命令： CIRCLE、TEXT、SCALE、MOVE、COPY、DIMLINEAR、LINE、OFFSET 等。

操作参考： 如图 8.23 所示。

（3）绘制简支梁的支承墙体轮廓线。

操作提示： 填充墙体图案为斜线。

操作命令： LINE、OFFSET、CHAMFER、TRIM、EXTEND、HATCH 等。

操作参考： 如图 8.24 所示。

（4）绘制简支梁另外一端支承墙体轮廓线。

标准层楼板配筋图(局部) 1:100

图 8.22　打开梁平面布置位置图

操作提示： 绘制方法与前述相同。也可以先复制或镜像，然后进行拉伸快速得到。

操作命令： LINE、OFFSET、CHAMFER、TRIM、EXTEND、HATCH、COPY、MIRROR、STRETCH 等。

操作参考： 如图 8.25 所示。

图 8.23　绘制梁大样图位置轴线　　　　图 8.24　绘制简支梁的支承墙体轮廓线

图 8.25　绘制简支梁另外一端支承墙体轮廓线

（5）绘制简支梁大小轮廓线。

▶ **操作提示：** 简支梁轮廓线按照结构计算的大小进行绘制。

▶ **操作命令：** LINE、OFFSET、CHAMFER、TRIM、EXTEND、HATCH、COPY、MIRROR、STRETCH 等。

▶ **操作参考：** 如图 8.26 所示。

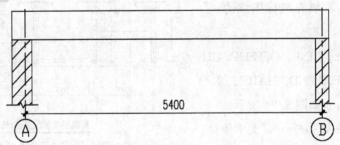

图 8.26　绘制简支梁大小轮廓线

（6）绘制简支梁长度方向受力钢筋造型。

▶ **操作提示：** 可以绘制梁的一半长度钢筋造型。另外一半通过镜像得到。钢筋造型参考前面相关章节。弯头处弧度通过倒圆角功能快速得到。

▶ **操作命令：** PLINE、MOVE、STRETCH、FILLET、MIRROR 等。

▶ **操作参考：** 如图 8.27 所示。

图 8.27　绘制简支梁长度方向受力钢筋造型

（7）继续进行受力钢筋绘制。

▷**操作提示：** 绘制方法同前述。

▷**操作命令：** PLINE、MOVE、STRETCH、FILLET、MIRROR 等。

▷**操作参考：** 如图 8.28 所示。

图 8.28　继续进行受力钢筋绘制

（8）绘制简支梁箍筋造型。

▷**操作提示：** 箍筋造型仅为示意。注意钢筋布置数量的变化位置（如需要加密的长度和位置）。使用 FILLET 功能命令时注意设置合适的倒角半径大小。

▷**操作命令：** PLINE、TRIM、EXTEND、STRETCH、MOVE、OFFSET、COPY、DIMLINEAR 等。

▷**操作参考：** 如图 8.29 所示。

图 8.29　绘制简支梁箍筋造型

（9）完成简支梁一半钢筋造型绘制后进行镜像。

▷**操作提示：** 进行镜像，快速得到另外一半造型。

▷ **操作命令**: MIRROR 等。

▷ **操作参考**: 如图 8.30 所示。

图 8.30 镜像得到简支梁一半钢筋造型

(10) 进行局部钢筋位置调整。

▷ **操作提示**: 由于简支梁两侧的支撑墙体厚度不同,镜像后的钢筋位置有所不同,需要调整一下即可。

▷ **操作命令**: MOVE、STRETCH 等。

▷ **操作参考**: 如图 8.31 所示。

图 8.31 进行局部钢筋位置调整

（11）绘制简支梁上部负筋长度位置和造型。

▶ **操作提示**：根据结构计算结果，一般简支梁上部有的钢筋不需要通长布置，在一定位置截断即可。

▶ **操作命令**：PLINE、ROTATE、MIRROR、DIMLINEAR 等。

▶ **操作参考**：如图 8.32 所示。

图 8.32 绘制简支梁上部负筋长度位置和造型

（12）标注简支梁的标高、尺寸等。

▶ **操作提示**：根据设计需要进行必要的文字尺寸标注。

▶ **操作命令**：LINE、TRIM、CHAMFER、MOVE、ROTATE、DIMLINEAR、MIRROR、MOVE、TEXT、MTEXT、SCALE 等。

▶ **操作参考**：如图 8.33 所示。

图 8.33 标注简支梁的标高、尺寸等

（13）标注钢筋锚固长度符号。

▶ **操作提示**：方法是，弧形造型可以利用 FILLET 功能，箭头可以利用 PLINE 宽线功能（设置不同线宽即可）。

▶ **操作命令**：LINE、TRIM、FILLET、PLINE 等。

▶ **操作参考**：如图 8.34 所示。

图 8.34　标注钢筋锚固长度符号

（14）标注钢筋锚固长度。

▶ **操作提示：** 通过旋转得到倾斜标注文字。

▶ **操作命令：** TEXT、MTEXT、SCALE、ROTATE、MOVE 等。

▶ **操作参考：** 如图 8.35 所示。

图 8.35　标注钢筋锚固长度

（15）标注简支梁钢筋规格型号等参数。

▶ **操作提示：** 钢筋符号使用钢筋符号专用字体。

▶ **操作命令：** TEXT、COPY、MOVE、SCALE 等。

▶ **操作参考：** 如图 8.36 所示。

图 8.36　标注简支梁钢筋规格型号等参数

（16）绘制简支梁截面剖切号及简支梁图名。

▶ **操作提示：** 简支梁截面剖切号是在需要绘制其截面大样图的位置。简支梁图名与平

面图对应 "L-3"。

▶ **操作命令：** PLINE、TEXT、MOVE、COPY、MIRROR、SCALE 等。

▶ **操作参考：** 如图 8.37 所示。

图 8.37　绘制简支梁截面剖切号

（17）完成砖混结构简支梁 L-3 大样图绘制。

▶ **操作提示：** 在绘制中及时保存图形文件。

▶ **操作命令：** ZOOM、SAVE 等。

▶ **操作参考：** 如图 8.38 所示。

图 8.38　完成砖混结构简支梁 L-3 大样图绘制

（18）绘制简支梁截面（1-1）轮廓。

▶ **操作提示：** 以 "1-1" 截面为例。先绘制 2 个矩形，矩形及楼板厚度大小按照结构设计计算确定的梁和楼板截面大小绘制确定。然后将大的矩形偏移得到 1 个同心矩形作为钢筋轮廓线。梁截面大样图按 1∶5 的比例进行绘制（即 250 宽的梁实际绘制长度为 1250），进行尺寸标注时调整 "标注线性比例" 为 0.2 即可准确标注尺寸，为设计大小的尺寸 250（"标注线性比例" 为 1 则标注为绘图尺寸 1250）。

▶ **操作命令：** PLINE、LINE、CHAMFER、TRIM、RECTANG、MOVE、OFFSET 等。

▶ **操作参考：** 如图 8.39 所示。

(a) 绘制截面轮廓线

(b) 截面绘制比例1:5

图8.39 绘制简支梁截面（1-1）轮廓

（19）再进行剪切快速得到1-1截面轮廓造型。

▶ **操作提示**：使用 PEDIT 功能命令将钢筋轮廓线加粗。

▶ **操作命令**：TRIM、PEDIT 等。

▶ **操作参考**：如图 8.40 所示。

（20）创建截面钢筋轮廓造型。

▶ **操作提示**：钢筋造型绘制方法参考前面章节论述。梁截面钢筋的数量按照结构设计计算确定的结构进行布置。

图8.40 进行剪切快速得到1-1截面轮廓造型

▶ **操作命令**：CIRCLE、HATCH、COPY、MIRROR、MOVE、PLINE、OFFSET、TRIM、EXTEND 等。

▶ **操作参考**：如图 8.41 所示。

图8.41 创建截面钢筋轮廓造型

（21）绘制梁截面折断线轮廓。

▶ **操作提示**：梁截面折断线轮廓主要是楼板处的折断示意，同时绘制截面剖切号。

▶ **操作命令**：LINE、TRIM、EXTEND、CHAMFER、MIRROR、COPY、MOVE、PLINE、STRETCH、TEXT、MTEXT、SCALE 等。

▶ **操作参考**：如图 8.42 所示。

图 8.42　绘制梁截面折断线轮廓

（22）标注梁截面尺寸。

▶ **操作提示**：注意利用属性功能调整设置"标注线性比例"。梁截面大样图按 1∶5 的比例进行绘制（即 250 宽的梁实际绘制长度为 1250），进行尺寸标注时调整"标注线性比例"为 0.2 即可准确标注尺寸，为设计大小的尺寸 250（"标注线性比例"为 1 则标注为绘图尺寸 1250）。

▶ **操作命令**：DIMLINEAR 等。

▶ **操作参考**：如图 8.43 所示。

图 8.43　标注梁截面尺寸

（23）标注梁截面钢筋大小及数量。

▶ **操作提示**：梁截面钢筋大小及数量依据结构计算确定的钢筋配置数量。钢筋符号需要使用钢筋符号专用字体。

▶ **操作命令**：LINE、TRIM、COPY、TEXT、MTEXT、COPY、SCALE、MOVE 等。

▶ **操作参考**：如图 8.44 所示。

（24）将梁及其各个截面布置在同一幅图中，完成 L-3 大样图绘制。

▶ **操作提示**：其他截面（如"2-2 截面"）绘制方法与"1-1 截面"相同，砖混结构其他位置的梁（如 L-1）绘制方法也与此相似。限于篇幅，其具体绘制方法在此从略。

▶ **操作命令**：INSERT、OPEN、COPYCLIP、PASTECLIP、SCALE、MOVE、SAVE 等。

图 8.44　标注梁截面钢筋大小及数量

▶ **操作参考：** 如图 8.45 所示。

图 8.45　完成梁(L-3)大样图绘制

8.2　钢筋混凝土结构楼板及梁施工图 CAD 快速绘制

本小节以某建筑框架结构(局部)的楼板及梁作为讲解案例,说明结构楼板及梁施工图 CAD 绘制方法。

8.2.1　建筑结构梁模板图 CAD 快速绘制

(1) 调用楼层建筑平面图作为绘制建筑结构梁平面图的底图。

▶ **操作提示：** 将无关的文字、尺寸和隔墙等图形删除,保留承重墙体和柱子(包括剪力墙)。楼层建筑平面图一般由建筑专业提供。

▷ **操作命令:** OPEN、SAVEAS、ERASE、ZOOM、LAYER 等。

▷ **操作参考:** 如图 8.46 所示。

图 8.46　调用楼层建筑平面图

(2) 绘制梁的轮廓线。

▷ **操作提示:** 梁的宽度和布置位置按照结构设计和计算确定的大小绘制。

▷ **操作命令:** LINE、STRETCH、MOVE、OFFSET、MIRROR、TRIM、CHAMFER、EXTEND、DIMLINEAR 等。

▷ **操作参考:** 如图 8.47 所示。

图 8.47　绘制梁的轮廓线

（3）按照结构设计和计算结果，继续进行楼层结构梁平面布置。

▶ **操作提示：** 各个位置的梁大小按照计算确定。若大小和长度都相同，可以通过复制快速得到。注意复制时选择便于定位的位置点作为复制基点。

▶ **操作命令：** COPY、MOVE、LINE、OFFSET、TRIM、LENGTHEN、MIRROR 等。

▶ **操作参考：** 如图 8.48 所示。

图 8.48　继续进行楼层结构梁平面布置

（4）完成楼层的梁布置。

▶ **操作提示：** 此处限于篇幅，仅为楼层局部梁布置平面图。其他位置楼层梁的布置方法与此相似。

▶ **操作命令：** ZOOM、PAN、LINE、OFFSET、TRIM、PLINE、COPY、MOVE、CHAMFER、SAVE 等。

▶ **操作参考：** 如图 8.49 所示。

图 8.49　完成楼层的梁布置

（5）根据设计要求标注楼层的相关说明文字。

▶ **操作提示：** 相关说明文字例如楼层标高、框架梁编号、图名等。

▶ **操作命令：** LINE、TRIM、TEXT、SCALE、COPY、MOVE、ROTATE 等。

> **操作参考：** 如图 8.50 所示。

图 8.50　标注楼层的相关说明文字

（6）插入图框，完成梁结构模板图。可以供绘制楼层梁配筋图和楼板配筋图等相关施工图使用。

> **操作提示：** 建筑结构梁布置图是中间过程的图纸，主要进行楼层的梁配筋图和楼板配筋图绘图使用。图框使用标准图框，从已有图库中打开即可使用。

> **操作命令：** INSERT、OPEN、PASTECLIP、MOVE、SCALE、SAVE 等。

> **操作参考：** 如图 8.51 所示。

图 8.51　插入图框完成楼层梁布置（模板图）

8.2.2 建筑结构梁配筋图（平法施工图）CAD 快速绘制

（1）使用上一节绘制的建筑结构梁布置图作为绘制结构梁配筋图的底图。

▶ **操作提示**：注意另外保存一份建筑结构梁布置图数据文件作为楼板配筋图的绘制底图。

▶ **操作命令**：OPEN、SAVEAS、ZOOM 等。

图 8.52 调用底图进行绘制

▶ **操作参考**：如图 8.52 所示。

（2）标注梁编号、配筋钢筋等相关参数。

▶ **操作提示**：为水平方向梁标注。钢筋符号的绘制方法参见前面相关章节论述。使用 TEXT 功能命令输入梁配筋，例如"5Φ22"输入"5％％13222"、"4Φ12"输入"4％％13112"即可。

注：使用 CAD 钢筋符号专用字体文件（通过购买或网络下载免费字体），输入文字内容和对应钢筋符号如下（"％％＋数字"格式）：

a. ％％130：一级钢筋符号（也可以输入％％C）Φ；

b. ％％131：二级钢筋符号Φ；

c. ％％132：三级钢筋符号Φ；

d. ％％133：四级钢筋符号Φ；

e. ％％134：其他特殊钢筋符号Φ。

▶ **操作命令**：TEXT、SCALE、MOVE、LINE、MTEXT 等。

▶ **操作参考**：如图 8.53 所示。

图 8.53 标注梁编号、配筋钢筋等相关参数

（3）标注垂直方向的梁配筋等相关参数。

▶ **操作提示**：标注垂直方向的梁配筋时，可以先按水平方向标注，然后旋转 90°即可。

▶ **操作命令**：TEXT、SCALE、MOVE、LINE、MTEXT、ROTATE 等。

▶ **操作参考**：如图 8.54 所示。

图 8.54　标注垂直方向的梁配筋等相关参数

（4）绘制梁支承处箍筋配筋。

▶ **操作提示**：对于特殊部位需要加强的地方箍筋配筋情况另外增加标注。先使用 PLINE 绘制有宽度的线，然后再标注即可。

▶ **操作命令**：PLINE、TRIM、MOVE、COPY、MIRROR、LINE、TEXT、SCALE、ROTATE 等。

▶ **操作参考**：如图 8.55 所示。

图 8.55　绘制梁支承处箍筋配筋

（5）按上述方法，继续进行其他位置梁结构配筋图标注和绘制。

▶ **操作提示**：对标注位置和内容按照结构设计计算的相关国家规范要求确定。

▶ **操作命令**：TEXT、SCALE、MOVE、ROTATE 、COPY、LINE、TRIM、PLINE等。

▶ **操作参考**：如图 8.56 所示。

图 8.56　其他位置梁结构配筋图标注和绘制

（6）标注梁结构施工图相关说明及图名。

▶ **操作提示：** 说明按照设计需要确定具体标注内容。

▶ **操作命令：** PLINE、LINE、MTEXT、SCALE、MOVE、ZOOM 等。

▶ **操作参考：** 如图 8.57 所示。

说明
1. 图中未注明的梁分布筋为∅6@200。
2. 图中未注明的梁混凝土强度为C35。

图 8.57　标注梁结构施工图相关说明及图名

（7）完成梁平法施工图。

▶ **操作提示：** 按前面论述的方法，依照结构设计计算和规范要求，完成该楼层（局部）梁平法施工图绘制。

▶ **操作命令：** LINE、CHAMFER、STRETCH、MIRROR、TEXT、SCALE、MOVE、ROTATE 、COPY、TRIM、PLINE、ZOOM、SAVE、PAN 等。

▶ **操作参考：** 如图 8.58 所示。

图 8.58　完成梁平法施工图

8.2.3　建筑结构楼板配筋图 CAD 快速绘制

本小节详细论述建筑结构楼板配筋图 CAD 的快速绘制方法。

（1）打开绘制楼板配筋底图。

▶ **操作提示：** 调用前一节绘制的梁布置平面图作为绘制楼板配筋的底图，并将图名修改为"二层（局部）楼板配筋图"。

▶ **操作命令：** OPEN、SAVEAS、MTEXT、ERASE、ZOOM 等。

▶ **操作参考：** 如图 8.59 所示。

图 8.59　打开绘制楼板配筋底图

（2）绘制楼板通长主筋。

▶ **操作提示：** 主筋的布置按结构设计计算确定。主筋绘制为通长，分为水平方向和竖直方向主筋，二者都按楼板全长绘制。使用 PLINE 功能命令绘制钢筋，并设置为一定的宽度即可。

▶ **操作命令：** PLINE、STRETCH、MOVE、TRIM、ZOOM 等。

▶ **操作参考：** 如图 8.60 所示。

图 8.60　绘制楼板通长主筋

（3）绘制楼板水平方向分布筋。

▷ **操作提示：** 楼板分布筋布置按照结构设计计算及国家相关规范要求确定。同样使用PLINE 功能命令绘制。

▷ **操作命令：** PLINE、CHAMFER、TRIM、LENGTHEN、MOVE、COPY、STRETCH 等。

▷ **操作参考：** 如图 8.61 所示。

图 8.61　绘制楼板水平方向分布筋

（4）绘制楼板竖直方向分布筋。

▷ **操作提示：** 竖直方向分布筋绘制，先按水平方向的分布筋绘制方法进行，然后将其旋转即可。

▷ **操作命令：** PLINE、STRETCH、TRIM、CHMAFER、MOVE、ROTATE 、COPY 等。

▷ **操作参考：** 如图 8.62 所示。

图 8.62　绘制楼板竖直方向分布筋

（5）标注水平方向钢筋编号及配筋大小、长度等相关参数。

▷ **操作提示：** 钢筋编号、配筋大小等按国家结构设计计算结果进行标注。编号绘制方法是先画 1 个小圆（CIRCLE），然后输入数字或字母（TEXT、MTEXT），最后调整其位置即可（MOVE）。钢筋符号则使用专用字体，通过 TEXT 功能命令完成。

▷ **操作命令：** CIRCLE、TEXT、SCALE、MOVE、COPY、DIMLINEAR、MTEXT 等。

▷ **操作参考：** 如图 8.63 所示。

图 8.63　标注水平方向钢筋编号及配筋大小、长度等相关参数

（6）标注竖直方向钢筋编号及配筋大小、长度等相关参数。

▷ **操作提示:** 竖直方向标注方法是先按水平方向标注，然后通过旋转即可快速得到。

▷ **操作命令:** CIRCLE、TEXT、SCALE、MOVE、COPY、DIMLINEAR、MTEXT、ROTATE、ZOOM 等。

▷ **操作参考:** 如图 8.64 所示。

图 8.64　标注竖直方向钢筋编号及配筋大小、长度等相关参数

（7）绘制和标注楼板其他位置配筋图。

▷ **操作提示:** 根据结构设计计算结果，按照前述方法进行绘制和标注。对相同配筋，可以通过复制快速得到。

▷ **操作命令:** COPY、ROTATE、MOVE、CIRCLE、TEXT、SCALE、MOVE、DIMLINEAR、MTEXT、ZOOM、SAVE、PLINE、STRETCH 等。

▷ **操作参考:** 如图 8.65 所示。

图 8.65　绘制和标注楼板其他位置配筋图

（8）继续进行楼板配筋绘制和标注，直至完成。

▶ **操作提示：** 按照前述方法继续进行绘制和标注。

▶ **操作命令：** ZOOM、PAN、PLINE、COPY、ROTATE、MOVE、CIRCLE、TEXT、SCALE、MOVE、DIMLINEAR、MTEXT、SAVE 等。

▶ **操作参考：** 如图 8.66 所示。

图 8.66　继续进行楼板配筋绘制和标注

（9）标注楼板厚度及相关设计说明。

▶ **操作提示：** 楼板厚度按照结构设计计算确定的厚度绘制。

▶ **操作命令：** RETANG、SCALE、STRETCH、TEXT、MTEXT、MOVE、LINE、TRIM、CHAMFER 等。

▶ **操作参考：** 如图 8.67 所示。

（10）进行检查并及时修改，完成二层楼板配筋图绘制。

▶ **操作提示：** 检查标注和绘制情况，对位置、文字、尺寸等错误进行修改。

▶ **操作命令：** PAN、ZOOM、PROPERTIES、MOVE、ERASE、COPY、MOVE、ROTATE、LENGTHEN、STRETCH、MIRROR 等。

▶ **操作参考：** 如图 8.68 所示。

图 8.67　标注楼板厚度及相关设计说明

二层(局部)楼板配筋图

说明
1.图中未注明的板厚度为100mm。
2.图中未注明的板混凝土强度为C30。

图 8.68　完成二层楼板配筋图绘制

第**9**章

剪力墙和框架柱配筋图CAD 快速绘制

本章以常见的框架建筑结构（办公建筑标准层局部）及核心筒剪力墙为例，论述剪力墙配筋 CAD 图、框架柱配筋 CAD 图的快速绘制方法。本案例工程结构柱施工图均采用平面整体表示方法绘制，具体要求参见相关国家规范和图集。

为便于学习提高 CAD 绘图技能，本书通过互联网相关平台提供本章结构设计绘制实例的 CAD 图形（dwg 格式图形文件），读者连接互联网后登录到如下地址即可进行案例图形 CAD 文件下载。本案例图形文件仅供学习参考。

◆ 百度云盘（下载地址为：http：//pan. baidu. com/s/1nuKIdpJ，其中"1nuKIdpJ"中的"1"为数字）。

9.1 建筑结构剪力墙配筋图 CAD 快速绘制

（1）调用建筑专业核心筒，进行修改，作为核心筒剪力墙结构绘图底图。

▷ **操作提示**：本案例以常见的核心筒剪力墙为例进行讲解论述。删除不需要的图形、文字和尺寸等。

▷ **操作命令**：OPEN、ERASE、ZOOM 等。

▷ **操作参考**：如图 9.1 所示。

（2）绘制剪力墙边缘构造构件及暗柱平面轮廓。

▷ **操作提示**：剪力墙边缘构造构件及暗柱设置位置及要求按照剪力墙结构计算及规范要求设置。

▷ **操作命令**：LINE、TRIM、HATCH 等。

▷ **操作参考**：如图 9.2 所示。

（3）完成剪力墙墙体其他位置边缘构造构件及暗柱平面轮廓。

▷ **操作提示**：绘制方法与前述相同。

▷ **操作命令**：LINE、TRIM、HATCH、ZOOM 等。

核心筒剪力墙(标准层)底图 1:50

图 9.1 核心筒剪力墙绘制底图

图 9.2 绘制剪力墙边缘构造构件及暗柱平面轮廓

▷ **操作参考**：如图 9.3 所示。

（4）对剪力墙及其边缘构造构件、暗柱平面进行编号。

▷ **操作提示**：编号方法按照结构设计及结构规范要求进行确定。

▷ **操作命令**：TEXT、MTE-XT、SCALE、MOVE、ROTATE、COPY 等。

图 9.3 其他位置边缘构造构件及暗柱平面轮廓

▷ **操作参考**：如图 9.4 所示。

（5）标注剪力墙厚度。

▷ **操作提示**：剪力墙厚度及位置依据结构计算结果确定。

▷ **操作命令**：DIMLINEAR、ZOOM 等。

▷ **操作参考**：如图 9.5 所示。

图 9.4　剪力墙及暗柱等编号

图 9.5　标注剪力墙厚度

（6）完成核心筒剪力墙编号及标注。

▷ **操作提示：** 同时标注图名。

▷ **操作命令：** MTEXT、TEXT、LINE、PLINE、SCALE、MOVE、COPY 等。

▷ **操作参考：** 如图 9.6 所示。

（7）创建剪力墙配筋参数辅助表格。

▷ **操作提示：** 用于标明剪力墙配筋数量等参数。

▷ **操作命令：** LINE、OFFSET、TRIM、STRETCH 等。

核心筒剪力墙(标准层)配筋图 1:100

图 9.6　完成核心筒剪力墙编号及标注

▷ **操作参考：** 如图 9.7 所示。

（8）标注剪力墙配筋各种相关参数。

图 9.7　创建剪力墙配筋参数辅助表格

▶ **操作提示：** 包括剪力墙厚度、钢筋数量及间距等。钢筋符号使用专用字体。

▶ **操作命令：** TEXT、SCALE、MOVE、COPY 等。

▶ **操作参考：** 如图 9.8 所示。

剪力墙(W1-W3)墙身配筋表
单位：mm

墙　号	墙　厚	竖向分布筋	水平分布筋	拉筋直径	拉筋水平间距	拉筋竖向间距
W1	400	⊈16@150	⊈14@150	⊈10	300	300
W2	300	⊈16@150	⊈14@150	⊈10	300	150
W3	200	⊈12@150	⊈12@150	⊈8	450	450

图 9.8　标注剪力墙配筋各种相关参数

（9）绘制建筑结构楼层（核心筒）标高分布表。

▶ **操作提示：** 说明该核心筒剪力墙图纸适用楼层。

▶ **操作命令：** LINE、TRIM、OFFSET、COPY、ZOOM、DIMLINEAR、CHAM-FER、PLINE 等。

▶ **操作参考：** 如图 9.9 所示。

图 9.9　绘制建筑结构楼层标高分布表

(10) 创建剪力墙边缘构件构造轮廓图(剪力墙边缘构件大样图)。

▶ **操作提示:** 剪力墙边缘轮廓大小按照结构计算得到的结构确定。

▶ **操作命令:** PLINE、RECTANG、LINE、OFFSET、DIMLINEAR、TRIM、CHAM-FER 等。

▶ **操作参考:** 如图 9.10 所示。

图 9.10　创建剪力墙边缘构件构造轮廓图

(11) 进行剪切得到剪力墙轮廓图,包括其箍筋造型轮廓。

▶ **操作提示:** 注意剪切线条范围。

▶ **操作命令:** TRIM 等。

▶ **操作参考:** 如图 9.11 所示。

图 9.11　剪切得到剪力墙轮廓图

(12) 将箍筋造型轮廓加粗。

▶ **操作提示:** 加粗使用 PEDIT 功能命令。

▶ **操作命令:** PEDIT、PLINE、OFFSET、MOVE、ROTATE、COPY 等。

▶ **操作参考:** 如图 9.12 所示。

(13) 布置剪力墙边缘构件建筑高度方向(竖向)钢筋截面造型。

▶ **操作提示:** 竖向钢筋布置根据结构计算得到的配筋数量进行配置。

▶ **操作命令:** CIRCLE、HATCH、COPY、MOVE 等。

▶ **操作参考:** 如图 9.13 所示。

(14) 标注剪力墙边缘构件大样图编号、配筋等参数。

▶ **操作提示:** 可以将其设置为表格形式,便于使用。

图 9.12 将箍筋造型轮廓加粗

图 9.13 布置剪力墙边缘构件竖向钢筋截面造型

▷ **操作命令**：MTEXT、TEXT、SCALE、MOVE、COPY、LINE、OFFSET、TRIM、PLINE、PEDIT、CHAMFER、SAVE 等。

▷ **操作参考**：如图 9.14 所示。

（15）绘制核心筒剪力墙其他位置边缘构件构造详图。

▷ **操作提示**：绘制方法与前述方法相同，限于篇幅，具体绘制过程在此从略。

▷ **操作命令**： LINE、 PLINE、OFFSET、 TRIM、 TEXT、 PEDIT、MOVE、 SCALE、 COPY、 DIMLIN-EAR、MIRROR、CHAMFER、ZOOM、PAN、SAVE 等。

图 9.14 标注剪力墙边缘构件大样图编号、配筋等参数

▷ **操作参考**：如图 9.15 所示。

（16）标注剪力墙图名及相关说明等。

▷ **操作提示**：剪力墙相关说明依据结构设计及施工要求确定其具体内容。

▷ **操作命令**：PLINE、LINE、MTEXT、TEXT、SCALE、MOVE 等。

▷ **操作参考**：如图 9.16 所示。

（17）完成核心筒剪力墙配筋图绘制。

▷ **操作提示**：将核心筒剪力墙相关图纸布置在一张图纸中。

▷ **操作命令**：MOVE、ZOOM、SAVE 等。

▷ **操作参考**：如图 9.17（见 251 页图）所示。

剪力墙边缘构件表			单位：mm
截面			
编号	GJZ3	GJZ2	GJZ1
标高	5.700～37.600	5.700～37.600	5.700～37.600
纵筋	16Φ14	18Φ14	16Φ14
箍筋及拉筋	Φ10@100	Φ10@100	Φ10@100
截面			
编号	GAZ2		
标高	14.400～26.000		
纵筋	18Φ18		
箍筋及拉筋	Φ10@100		

图 9.15　绘制核心筒剪力墙其他位置边缘构件构造详图

结构层楼面标高
结构层高
粗线所示为本图标高范围

核心筒剪力墙(标准层)配筋图 1:100

说明：
1.图中未注明剪力墙墙身偏轴者，均为轴线居中。
2.墙体配筋详见本图剪力墙配筋表。
3.墙体水平筋、竖向筋均沿墙通配，层间接头及与边缘构件中钢筋连接等构造做法见总说明。
4.剪力墙混凝土强度等级：C30。
5.施工墙体时应注意配合建施及设备图，作好孔洞预留及铁件的预埋。

图 9.16　标注剪力墙图名及相关说明等

9.2　框架结构柱配筋图 CAD 快速绘制

（1）调用标准层建筑平面图，进行修改调整为适合绘制结构图的底图。

▷ **操作提示：** 标准层建筑平面图由建筑专业提供。按结构专业绘图要求进行修改，删除不需要的图形、文字和尺寸等，保留柱子、剪力墙等，修改为适合结构绘图使用的底图。限于篇幅，具体建筑平面图和修改过程在此从略。

▷ **操作命令：** OPEN、SAVEAS、ERASE、ZOOM、PAN、MTEXT 等。

▷ **操作参考：** 如图 9.18 所示。

图 9.17　完成核心筒剪力墙配筋图绘制

图 9.18　适合绘制结构图的底图

（2）绘制或布置框架柱。

▶ **操作提示：** 对框架柱进行加粗，标注其大小及编号。

251

▶ **操作命令**：PEDIT、COPY、LINE、TEXT、COPY、MOVE 等。

▶ **操作参考**：如图 9.19 所示。

图 9.19 绘制或布置框架柱

（3）绘制框架柱配筋大样图。

▶ **操作提示**：以其中 1 个框架柱"KZ5-1"为例说明其配筋大样图绘制方法。按 1：25 比例绘制大样图。

▶ **操作命令**：ZOOM、DIMLINEAR、PLINE、TRIM、LINE、CHAMFER 等。

▶ **操作参考**：如图 9.20 所示。

图 9.20 绘制框架柱配筋大样图

（4）创建框架柱大样图箍筋造型。

▶ **操作提示**：通过偏移框架柱外轮廓线加粗快速得到箍筋造型。

▶ **操作命令**：OFFSET、TRIM、CHAMFER、PEDIT 等。

▶ **操作参考**：如图 9.21 所示。

（5）绘制框架柱外侧竖直方向的框架柱箍筋截面造型。

▶ **操作提示**：通过复制、镜像快速得到。

▶ **操作命令**：CIRCLE、SCALE、HATCH、COPY、MIRROR 等。

▶ **操作参考**：如图 9.22 所示。

（6）绘制框架柱其他肢箍筋造型。

图 9.21　创建框架柱大样图箍筋造型

图 9.22　绘制框架柱外侧竖直方向的框架柱箍筋截面造型

▶ **操作提示：**　使用 PLINE 功能命令绘制。箍筋造型绘制方法可参考前面相关章节详细论述。

▶ **操作命令：**　PLINE、OFFSET、STRETCH、COPY、MOVE、MIRROR 等。

▶ **操作参考：**　如图 9.23 所示。

图 9.23　绘制框架柱其他肢箍筋造型

（7）绘制框架柱独立箍筋造型。

▶ **操作提示：**　箍筋造型绘制方法可参考前面相关章节详细论述。

▶ **操作命令：**　PLINE、ROTATE、MIRROR 等。

▶ **操作参考：**　如图 9.24 所示。

（8）标注框架柱配筋参数、编号等参数。

图 9.24 绘制框架柱独立箍筋造型

▶ **操作提示：** 框架柱配筋数量按照结构计算结果确定。

▶ **操作命令：** LINE、TRIM、TEXT、COPY、DIMLINEAR 等。

▶ **操作参考：** 如图 9.25 所示。

（9）绘制其他框架柱配筋图详图。

▶ **操作提示：** 复制方法与前述框架柱"KZ5-1"方法相同。

▶ **操作命令：** PLINE、STRETCH、CIRCLE、HATCH、COPY、MIRROR、TEXT、MOVE、ROTATE、ZOOM、LINE、TRIM、CHAMFER 等。

▶ **操作参考：** 如图 9.26 所示。

（10）创建框架柱配筋图图名。

▶ **操作提示：** 绘图比例"1：100/25"中的"25"表示其中的框架柱详图绘制比例。

▶ **操作命令：** PLINE、LINE、MTEXT、

图 9.25 标注框架柱配筋参数、编号等参数

TEXT、SCALE、MOVE 等。

图 9.26 绘制其他框架柱配筋图详图

操作参考： 如图 9.27 所示。

（11）标注框架柱配筋图相关说明文字。

操作提示： 框架柱配筋图相关说明文字依据实际工程及设计要求确定其内容。

操作命令： MTEXT、TEXT、SCALE、MOVE 等。

操作参考： 如图 9.28 所示。

（12）完成标准层框架柱配筋图绘制。

操作提示： 插入图框，保存图形。

操作命令： OPEN、COPYCLIP、PASTECLIP、SCALE、MOVE、SAVE、ZOOM 等。

标准层框架柱平面整体配筋图 1:100/25
起止标高:6.9 -- 24.9

图 9.27　创建框架柱配筋图图名

说明:
1. 本工程结构柱施工图采用平面整体表示方法绘制。
2. 本工程钢筋混凝土结构中直径大于22mm的钢筋接头全部采用套筒式机械连接。
3. 柱纵向钢筋接头应离开节点区至少600mm，连接区面积百分率不应大于50%。
4. 混凝土强度等级及防水要求:
   框架柱:二层顶板以下采用C40;二层顶板以上采用C30。

图 9.28　标注框架柱配筋图相关说明文字

操作参考： 如图 9.29 所示。

标准层框架柱平面整体配筋图 1:100/25
起止标高:6.9—24.9

图 9.29　完成标准层框架柱配筋图绘制

第10章

建筑钢结构施工图CAD快速绘制

钢结构在高层建筑中比较常见。本章以常见建筑钢结构的柱子（钢柱）施工图及其节点大样图为例，介绍其 CAD 快速绘制方法。

为便于学习提高 CAD 绘图技能，本书通过互联网相关平台提供本章结构设计绘制实例的 CAD 图形（dwg 格式图形文件），读者连接互联网后登录到如下地址即可进行案例图形CAD 文件下载。本案例图形文件仅供学习参考。

◆ 百度云盘（下载地址为：http：//pan.baidu.com/s/1cxEknO ，其中"1cxEknO"中的"1"为数字）。

10.1 钢柱结构图 CAD 快速绘制

本小节以常见钢柱为例，介绍其施工图 CAD 绘制方法，其他钢结构图纸绘制与此类似。

（1）绘制钢柱定位轴线。

▷ **操作提示**：点划线通过修改直线线型及线型比例得到。

▷ **操作命令**： LINE、CIRCLE、TEXT、SCALE、MOVE、LINETYPE、MOVE、SAVE 、STRETCH、LENGTHEN 等。

图 10.1　绘制钢柱定位轴线

▷ **操作参考**：如图 10.1 所示。

（2）创建下节钢柱轮廓线。

▷ **操作提示**：钢柱型式及大小按照钢结构设计计算结果确定的大小设置。

▷ **操作命令**：LINE、STRETCH、OFFSET、MIRROR、DIMLINEAR、ZOOM 等。

▷ **操作参考**：如图 10.2 所示。

（3）创建上一节钢柱底部及轮廓。

▷ **操作提示**：上下 2 节钢柱大小一致，上节钢柱长度按照设计及楼层高度确定。

▷ **操作命令**：LINE、OFFSET、TRIM、EXTEND 等。

▷ **操作参考**：如图 10.3 所示。

图 10.2　创建下节钢柱轮廓线

图 10.3　创建上一节钢柱底部及轮廓

（4）绘制钢柱接头处细部构造造型。

▷ **操作提示：** 钢柱接头处细部构造造型绘制方法可参见后面的钢结构节点大样图的详细论述，在此从略。

▷ **操作命令：** LINE、PLINE、ELLIPSE、OFFSET、TRIM、CHAMFER、HATCH、COPY、STRETCH、MIRROR、MOVE、ARC、CIRCLE 等。

▷ **操作参考：** 如图 10.4 所示。

图 10.4　绘制钢柱接头处细部构造造型

（5）创建钢柱栓钉正侧面造型。

▷ **操作提示：** 此侧面栓钉为其竖直方向正视图造型。栓钉布置间距按照钢结构设计及相关规范要求确定。

▷ **操作命令**：CIRCLE、OFFSET、COPY、MOVE 等。

▷ **操作参考**：如图 10.5 所示。

图 10.5　创建钢柱栓钉正侧面造型

（6）进行整个钢柱栓钉布置。

▷ **操作提示**：通过复制或进行镜像快速得到整个钢柱栓钉布置。

▷ **操作命令**：COPY、MOVE、MIRROR 等。

▷ **操作参考**：如图 10.6 所示。

图 10.6　进行整个钢柱栓钉布置

（7）绘制钢柱另外侧面栓钉造型。

▷ **操作提示**：此侧面栓钉为其水平方向正视图造型。

▷ **操作命令**：RECTANG、STRETCH、PLINE、LINE、FILLET、ARC、TRIM、MOVE 等。

▷ **操作参考**：如图 10.7 所示。

（8）布置钢柱另外侧面的栓钉。

▷ **操作提示**：利用复制及镜像快速得到。

▷ **操作命令**：COPY、MIRROR 等。

图 10.7　绘制钢柱另外侧面栓钉造型

▷ **操作参考：** 如图 10.8 所示。

图 10.8　布置钢柱另外侧面的栓钉

（9）创建钢柱上端结构连接构造造型。

▷ **操作提示：** 钢柱上端结构连接构造造型绘制方法，可参见后面小节钢结构节点大样图的详细论述，在此从略。

▷ **操作命令：** RECTANG、STRETCH、PLINE、LINE、FILLET、ARC、TRIM、MOVE、COPY、MIRROR、ZOOM 等。

▷ **操作参考：** 如图 10.9 所示。

图 10.9　创建钢柱上端结构连接构造造型

（10）标注钢柱标高、构件大小尺寸及说明文字等。

▷ **操作提示：** 钢柱标高、构件大小尺寸及说明文字等依据钢结构设计及施工要求进行标注。

▷ **操作命令：** LINE、PLINE、TRIM、OFFSET、COPY、CHAMFER、DIMLIN-EAR、CIRCLE、HATCH、MIRROR、TEXT、MOVE 等。

▷ **操作参考：** 如图 10.10 所示。

图 10.10　标注钢柱标高、构件大小尺寸及说明文字等

（11）标注图名，完成钢柱（EGZ8）施工图绘制。

▶**操作提示：** 图名一般以编号为其名称（EGZ8）。

▶**操作命令：** ZOOM、PLINE、TEXT、MTEXT、SCALE、MOVE 等。

▶**操作参考：** 如图 10.11 所示。

图 10.11　完成钢柱（EGZ8）施工图绘制

（12）绘制其他钢柱施工图。

▶**操作提示：** 绘制方法与前述相同，具体绘制过程在此从略。

▶**操作命令：** LINE、PLINE、TRIM、OFFSET、COPY、CHAMFER、DIMLIN-
EAR、CIRCLE、HATCH、MIRROR、TEXT、ZOOM、PLINE、TEXT、MTEXT、
SCALE、MOVE 等。

▶**操作参考：** 如图 10.12 所示。

图 10.12　绘制其他钢柱施工图

10.2 钢结构大样图（详图）CAD 快速绘制

本小节以上一节建筑钢结构柱子中的节点详图作为讲解案例，详细论述钢结构大样图的 CAD 快速绘制方法。

（1）绘制截面定位轴线。

▶ **操作提示：** 此钢柱为十字形钢。先绘制钢柱截面定位直线作为轴线，然后修改线型为点划线。

▶ **操作命令：** PLINE、LINE、STRETCH、LINETYPE、ZOOM 等。

▶ **操作参考：** 如图 10.13 所示。

图 10.13 绘制截面定位轴线

（2）绘制十字形钢柱截面轮廓。

▶ **操作提示：** 钢柱大小及形式按钢结构设计及计算结果确定。

▶ **操作命令：** PLINE、LINE、OFFSET、TRIM、RECTANG、MOVE、ROTATE、STRETCH 等。

▶ **操作参考：** 如图 10.14 所示。

图 10.14 绘制十字形钢柱截面轮廓

（3）创建钢柱截面栓钉造型轮廓。

▶ **操作提示：** 栓钉造型大小、数量按照结构设计及规范要求确定。

▶ **操作命令：** LINE、FILLET、OFFSET、COPY、MIRROR、MOVE 等。

▶ **操作参考：** 如图 10.15 所示。

（4）绘制钢柱截面其他连接造型。

▶ **操作提示：** 钢柱截面其他连接造型根据工程实际设计的内容确定。

图 10.15　创建钢柱截面栓钉造型轮廓

▷ **操作命令：** LINE、EXTEND、OFFSET、TRIM、HATCH、MOVE 等。

▷ **操作参考：** 如图 10.16 所示。

图 10.16　绘制钢柱截面其他连接造型

（5）创建钢柱截面其他相同造型。

▷ **操作提示：** 其他造型可以通过圆形阵列方法、复制和旋转方法快速得到。

▷ **操作命令：** ARRAY、COPY、ROTATE、MOVE、MIRROR 等。

▷ **操作参考：** 如图 10.17 所示。

图 10.17　创建钢柱截面其他相同造型

（6）绘制竖直方向钢柱截面轮廓。

▷ **操作提示：** 因对称，可以先绘制一半，然后进行镜像。

▷ **操作命令**：LINE、EXTEND、TRIM、MIRROR 等。

▷ **操作参考**：如图 10.18 所示。

图 10.18　绘制竖直方向钢柱截面轮廓

（7）标注钢柱构件焊接焊缝及做法说明等。

▷ **操作提示**：钢柱构件焊接焊缝及做法说明根据钢结构要求标注。箭头造型绘制使用 PLINE 快速绘制。

▷ **操作命令**：PLINE、LINE、ARC、ROTATE、MOVE、TEXT、SCALE、TRIM、CHAMFER 等。

▷ **操作参考**：如图 10.19 所示。

图 10.19　标注钢柱构件焊接焊缝及做法说明等

（8）标注详图图名及相关尺寸等。

▷ **操作提示**：标注详图图名 "B-B"。

▷ **操作命令**：PLINE、LINE、MTEXT、TEXT、SCALE、MOVE 等。

▷ **操作参考**：如图 10.20 所示。

（9）绘制其他钢结构节点详图。

▷ **操作提示**：绘制方法与前述节点详图类似，可进行绘制练习。限于篇幅，具体绘制过程在此从略。

▷ **操作命令**：ZOOM、SAVE、LINE、PLINE、MTEXT、TEXT、SCALE、MOVE、ARC、ROTATE、MOVE、SCALE、TRIM、CHAMFER 等。

▷ **操作参考**：如图 10.21 所示。

图 10.20　标注详图图名及相关尺寸等

图 10.21　绘制其他钢结构节点详图

第11章

建筑结构轴测图CAD快速
绘制基本方法

本章详细介绍建筑结构设计中轴测图 CAD 快速绘制基本方法。轴测图可反映物体的三维形状和二维图形，具有较强立体感，能帮人们更快捷更清楚地认识建筑结构构造。绘制一个建筑结构的轴测图实际是在二维平面图中完成，因此相对三维图形操作更简单，但具有三维视觉效果。

为便于学习提高 CAD 绘图技能，本书通过互联网相关平台提供本章建筑结构设计绘制实例的 CAD 图形（dwg 格式图形文件），读者连接互联网后登录到如下地址进行案例图形CAD 文件下载，本案例图形文件仅供学习 CAD 参考。

◆ 百度云盘（下载地址为：http://pan.baidu.com/s/1pL8IXwJ，其中"1pL8IXwJ"中的"1"为数字）。

11.1 建筑结构轴测图 CAD 绘制基本知识

轴测图是指将物体对象连同确定物体对象位置的坐标系，沿不平行于任一坐标面的方向，用平行投影法投射到单一投影面上所得到的图形。轴测图能同时反映物体长、宽、高三个方向的尺寸，富有立体感，在许多工程领域，常作为辅助性图样。如图 11.1 为常见的一些建筑结构工程结构轴测图。

图 11.1 常见建筑结构轴测图

11.1.1　建筑结构轴测图的绘图基础

轴测图分为正轴测图和斜轴测图两大类，正轴测图——采用正投影法，斜轴测图——采用斜投影法。正投影图特点：形体的多数表面垂直于或平行于投影面（正放），用正投影法得到，缺乏立体感，如图 11.2（a）所示。斜轴测图特点：不改变物体与投影面的相对位置（物体正放），用斜投影法作出物体的投影，如图 11.2（b）所示。工程上常用正等轴测图和斜二轴测图，如图 11.2（c）所示。

当物体上的三根直角坐标轴与轴测投影面的倾角相等时，用正投影法所得到的图形，称为正等轴测图，简称正等测。正等轴测图中的三个轴间角相等，都是 120°，其中 Z 轴规定画成铅垂方向。正等轴测图的坐标轴，简称轴测轴，如图 11.2（d）所示。

(a) 正投影图

(b) 斜轴测图

正等轴测图　　　斜二轴测图

(c) 正等轴测图和斜二轴测图

(d) 正等轴测图的轴间角

图 11.2　轴测图分类

11.1.2　建筑结构轴测图的基本绘制方法

绘制平面立体轴测图的方法，有坐标法、切割法和叠加法三种。

（1）坐标法　坐标法是绘制轴测图的基本方法。根据立体表面上各顶点的坐标，分别画出它们的轴测投影，然后依次连接成立体表面的轮廓线。例如，根据三视图，画四棱柱的正等轴测图步骤如下，如图 11.3 所示。

① 在两面视图中，画出坐标轴的投影；

② 画出正等测的轴测轴，$\angle X_1 O_1 Y_1 = \angle X_1 O_1 Z_1 = \angle Y_1 O_1 Z_1 = 120°$；

③ 量取 $O_1 2 = O2$，$O_1 4 = O4$；

④ 分别过 2、4 作 O_1Y_1、O_1X_1 的平行线，完成底面投影；

⑤ 过底面各顶点作 O_1Z_1 轴的平行线，长度为四棱柱高度；

⑥ 依次连接各顶点，完成正等测图。

需要注意的是，不可见的虚线可不画出。

(a) 三视图 (b) 正等轴测图

图 11.3　坐标法绘制轴测图

（2）切割法　有的形体可看成是由基本体截断、开槽、穿孔等变化而成的。画这类形体的轴测图时，可先画出完整的基本体轴测图，然后切去多余部分。例如，已知三视图〔图11.4（a）〕，画形体的正等轴测图。从投影图可知，该立体是在长方形箱体的基础上，逐步切去左上方的四棱柱、右前方的三棱柱和左下端方槽后形成的。绘图时先用坐标法画出长方形箱体，然后逐步切去各个部分，绘图步骤如图 11.4 所示。

(a) 选坐标　　　　　(b) 画长方体　　　　　(c) 切去左上部四棱柱

(d) 切去右前部三棱柱　　　　(e) 切去左端部四棱柱　　　　(f) 整理、完成全图

图 11.4　切割法绘制轴测图

（3）叠加法　适用于叠加而形成的组合体，它依然以坐标法为基础，根据各基本体所在

的坐标，分别画出各立体的轴测图。例如，已知三视图［图 11.5（a）］，绘制其轴测图。该组合体由底板Ⅰ、背板Ⅱ、右侧板Ⅲ三部分组成。利用叠加法，分别画出这三部分的轴测投影，擦去看不见的图线，即得该组合体的轴测图，绘制步骤如下，如图 11.5 所示：

① 在视图上定坐标，将组合体分解为三个基本形体；

② 画轴测轴，沿轴向分别量取坐标 X_1、Y_1 和 Z_1，画出形体Ⅰ；

③ 根据坐标 Z_2 和 Y_2 画形体Ⅱ；根据坐标 X_3 和 Z_3 切割形体Ⅱ；

④ 根据坐标 X_2 画形体Ⅲ；

⑤ 擦去作图线，描粗加深，得到轴测图。

图 11.5　叠加法绘制轴测图

11.2　建筑结构轴测图 CAD 绘制基本操作方法

11.2.1　建筑结构等轴测图 CAD 绘制模式设置方法

一个实体的轴测投影只有三个可见平面，为了便于绘图，应将这三个面作为画线、找点等操作的基准平面，并称它们为轴测平面，根据其位置的不同，分别称为＜等轴测平面 左视＞、＜等轴测平面 右视＞和顶轴测面。当激活轴测模式之后，就可以分别在这三个面间进行切换。如一个长方体在轴测图中的可见边与水平线夹角分别是 30°、90°和 120°，如图 11.6 所示。

在 AutoCAD 环境中要绘制轴测图形，首先应进行激活设置才能进行绘制。选择"工

图 11.6　轴测图的视图和角度

具"下拉菜单中"绘图设置"菜单命令，打开"草图设置"对话框，在"捕捉和栅格"选项卡中选择"等轴测捕捉"单选项，然后单击"确定"按钮即可激活，如图 11.7 所示。

另外，用户也可以在命令行"命令:"中输入"SNAP"，再根据命令行的提示选择"样式（S）"选项，再选择"等轴测（I）"选项，最后输入垂直间距为 1，如图 11.7 所示。

命令：SNAP

指定捕捉间距或［开(ON)/关(OFF)/纵横向间距(A)/样式(S)/类型(T)]<11.0000>: S

输入捕捉栅格类型［标准（S）/等轴测（I）]<S>: I

指定垂直间距<11.0000>: 1

图 11.7　进行激活设置

用户在对三个等轴面进行切换时，可按"F5"或"Ctrl＋E"依次切换上、右、左三个面，其鼠标指针的形状如图 11.8 所示，分别为等轴测平面俯视、右视、左视。

图 11.8　不同轴测视图中的鼠标形状

11.2.2　建筑结构等轴测图绘制模式下直线 CAD 绘制方法

（1）输入数值法绘制直线　当通过坐标的方式来绘制直线时，可按以下方法来绘制。

① 与 X 轴平行的线，极坐标角度应输入 30°，如@100＜30。

② 与 Y 轴平行的线，极坐标角度应输入 150°，如@100＜150。

③ 与 Z 轴平行的线，极坐标角度应输入 90°，如@100＜90。

④ 所有不与轴测轴平行的线，则必须先找出直线上的两个点，然后通过连线，见图 11.9。

命令：LINE

指定第一点：

指定下一点或 ［放弃（U）］：@100＜30

指定下一点或 ［放弃（U）］：@100＜150

指定下一点或 ［闭合（C）/放弃（U）］：@100＜90

指定下一点或 ［闭合（C）/放弃（U）］：

图 11.9　输入数值法绘制直线

（2）在激活轴测状态下绘制直线　在激活轴测状态下，打开"正交"模式，绘制的一个长度为 100mm 的正方体图，可通过以下方法来绘制。

① 在"工具"下拉菜单"绘图设置"对话框的"捕捉与栅格"选项卡下选择"等轴测捕捉"单选项，来激活等轴测模式，再按"F8"键启动正交模式，则当前为＜等轴测平面左视＞。

② 执行"直线"命令（LINE），根据命令行的提示绘制如图 11.10 所示的左侧面。

命令：＜等轴测平面 左视＞

命令：LINE

指定第一点：

指定下一点或 ［放弃（U）］：100

指定下一点或 ［放弃（U）］：＜正交 开＞100

指定下一点或 ［闭合（C）/放弃（U）］：100

指定下一点或 ［闭合（C）/放弃（U）］：100

指定下一点或 ［闭合（C）/放弃（U）］：C

已在 （2334.9826，452.6106，0.0000）创建零长度直线

③ 按"F5"键切换至顶轴测面，再执行"多段线"命令（PLINE），根据命令行提示绘

图 11.10　绘制左侧面

制如图 11.11 所示的顶侧面。

命令：＜等轴测平面 俯视＞

命令：PLINE

指定起点：

当前线宽为 0.0000

指定下一个点或 ［圆弧（A）/半宽（H）/长度（L）/放弃（U）/宽度（W）］：100

指定下一点或 ［圆弧（A）/闭合（C）/半宽（H）/长度（L）/放弃（U）/宽度（W）］：100

指定下一点或 ［圆弧（A）/闭合（C）/半宽（H）/长度（L）/放弃（U）/宽度（W）］：100

指定下一点或 ［圆弧（A）/闭合（C）/半宽（H）/长度（L）/放弃（U）/宽度（W）］：（回车）

图 11.11　绘制顶侧面

④ 再按"F5"键切换至＜等轴测平面 右视＞，再执行"直线"命令（LINE）或"多段线"命令（PLINE），根据命令行提示绘制如图 11.12 所示的右侧面。

图 11.12　绘制右侧面

命令：＜等轴测平面 右视＞

命令：LINE

指定第一点：

指定下一点或 [放弃 (U)]：100

指定下一点或 [放弃 (U)]：100

指定下一点或 [闭合 (C)/放弃 (U)]：

11.2.3　建筑结构等轴测图 CAD 绘制模式下圆形绘制方法

圆的轴测投影是椭圆，当圆位于不同的轴测面时，投影椭圆长、短轴的位置是不相同的。首先激活轴测图模式，再按 "F5" 键选定画圆的投影面，再执行 "椭圆" 命令 (EL-LIPSE)，在命令行提示选择 "等轴测圆 (I)" 选项，再指定圆心点，最后指定椭圆的半径即可。

例如，在图 11.13 所示正方体轴测图顶面绘制一直径为 50mm 的圆的方法如下。

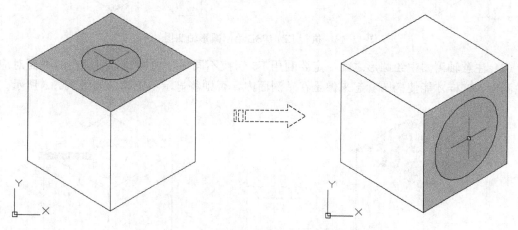

图 11.13　正方体轴测图中的圆形绘制

(1) 首先按 "F5" 键切换至顶轴测面，如图 11.14 所示。

命令：＜等轴测平面 俯视＞

图 11.14　按 "F5" 键切换至顶轴测面

(2) 再执行 "椭圆" 命令 (ELLIPSE)，在命令行中选择 "等轴测圆 (I)" 选项；再按 F10、F11 启动相应追踪捕捉功能，捕捉对角线交叉点作为椭圆的圆心点，再输入半径为 25，如图 11.15 所示。

命令：ELLIPSE

指定椭圆轴的端点或 [圆弧（A）/中心点（C）/等轴测圆（I）]：I

指定等轴测圆的圆心：

指定等轴测圆的半径或 [直径（D）]：25

图 11.15　执行 ELLIPSE 绘制圆形轴测图

（3）注意轴测图中绘圆形之前一定要利用 F5 切换不同面，切换到与圆所在的平面对应的轴测面，这样才能使椭圆看起来像是在轴测面内，否则将显示不正确。如图 11.16 所示。

图 11.16　未切换正确的视图状态

（4）另外，使用圆形功能命令 CIRCLE 绘制轴测图中的圆形也不准确。如图 11.17 所示。

图 11.17　轴测图中使用 CIRCLE 命令

命令：CIRCLE

指定圆的圆心或 [三点 (3P)/两点 (2P)/切点、切点、半径 (T)]：

指定圆的半径或 [直径 (D)]：25

11.2.4　建筑结构等轴测面内平行线 CAD 绘制方法

轴测面内绘制平行线，不能直接用"偏移"命令（OFFSET）进行，因为"偏移"命令（OFFSET）中的偏移距离是两线之间的垂直距离，而沿 30°方向之间的距离却不等于垂直距离。如图 11.18 所示。

(a) 使用 OFFSET 得到的平行线　　　　　　　(b) 使用 COPY 得到的平行线

图 11.18　轴测图中平行线绘制

为了避免操作出错，在轴测面内画平行线，一般采用"复制"命令（COPY）；可以结合自动捕捉、自动追踪及正交状态来作图，这样可以保证所画直线与轴测轴的方向一致。在复制轴测图面中的对象时，应按"F5"键切换到相应的轴测面，并移动鼠标来指定移动的方向。如图 11.19 所示。

(a) 原图　　　　　　　(b) 复制的左轴测面　　　　　　　(c) 复制的右轴测面

图 11.19　复制得到轴测图平行线

11.3　建筑结构等轴测图文字与尺寸标注方法

11.3.1　建筑结构等轴测图文字 CAD 标注方法

为了使某个轴测面中的文本看起来像是在该轴测面内，必须根据各轴测面的位置特点将文字倾斜某个角度值，以使它们的外观与轴测图协调起来，否则立体感不强。如图 11.20。

（1）文字倾斜角度设置　执行"格式"下拉菜单中"文字样式"菜单命令，弹出"文字样式"对话框，在"倾斜角度"文本框中。根据轴测图的不同轴测面来分别设置不同的倾斜

图 11.20　等轴测图文字标注

角度即可，其中倾斜角度可以为正或负值（如 30、−30 等），然后单击"应用"按钮，然后单击"置为当前"，最后关闭对话框，如图 11.21 所示。

图 11.21　设置文本的倾斜角度

（2）在等轴测面上各文字符号的倾斜规律如图示意。文字的倾斜角与文字的旋转角是不同的两个概念，前者是在水平方向左倾（0~−90°间）或右倾（0~90°间）的角度，后者是绕以文字起点为原点进行 0~360°间的旋转，也就是在文字所在的轴测面内旋转。

① 在＜等轴测平面 左视＞上，文字需采用−30°倾斜角，同时旋转−30°角。

② 在＜等轴测平面 右视＞上，文字需采用 30°倾斜角，同时旋转 30°角。

③ 在＜等轴测平面 俯视＞上，根据方向不同，文字需采用−30°倾斜角、旋转角为 30°；文字采用 30°倾斜角，旋转角为−30°。如图 11.22 所示。

命令：ROTATE

UCS 当前的正角方向：ANGDIR＝逆时针　ANGBASE＝0

找到 1 个

指定基点：

指定旋转角度，或 ［复制 （C)/参照 （R)］＜0＞：−30

11.3.2　建筑结构等轴测图尺寸 CAD 标注方法

为了让某个轴测面内的尺寸标注看起来像是在这个轴测面中，就需要将尺寸线、尺寸界线倾斜某一个角度，以使它们与相应的轴测平行。同时，标注文本也必须设置成倾斜某一角

(a) 文字需采用-30° 倾斜角、旋转角为30°

(b) 文字采用30° 倾斜角，旋转角为-30°

图 11.22　轴测图中文字角度设置方法

度的形式，才能使用文本的外观具有立体感。

正等轴测图中线性尺寸的尺寸界线应平行于轴测轴 [图 11.2（d）]，而 AutoCAD 中用线性标注命令 DIMLINEAR 在任何图上标注的尺寸线都是水平或竖直的，所以在标注轴测图尺寸时，除竖直尺寸线外，需要用"对齐标注"命令（DIMALIGNED）。

为了符合视觉效果，还需要对尺寸界线和尺寸数字的方向进行调整，使尺寸线与尺寸界线不垂直，尺寸数字的方向与尺寸界线的方向一致，且尺寸数字与尺寸线、尺寸界线应在一个平面内。如图 11.23 所示。

图 11.23　轴测图中的尺寸标注

（1）设置文字样式　在等轴测图中标注平行于轴测面的线性尺寸，尺寸的文字样式倾斜方向要求如下：

① 在 XOY 轴测面上，当尺寸界线平行于 X 轴时，文字样式倾角为 30°；当尺寸界线平行于 Y 轴时，文字样式倾角为－30°。

② 在 YOZ 轴测面上，当尺寸界线平行于 Y 轴时，文字样式倾角为 30°；当尺寸界线平行于 Z 轴时，文字样式倾角为－30°。

③ 在 XOY 轴测面上，当尺寸界线平行于 X 轴时，文字样式倾角为－30°；当尺寸界线平行于 Z 轴时，文字样式倾角为 30°。

因此，各轴测面内的尺寸中文字样式的倾斜分为 30°或－30°两种情况，因此，在轴测图尺寸标注前，应首先建立倾角分别为 30°或－30°两种文字样式，应用合适的文字样式控制尺寸数字的倾斜角度，就能保证尺寸线、尺寸界线和尺寸数值看起来是在一个平面内。

打开"格式"下拉菜单选择"文字样式"菜单命令，弹出"文字样式"对话框（或在"命令："输入"STYLE"功能命令）。首先新建文字样式"样式 30"，并设置字体为"gbeitc"和倾斜角度为 30；同样，再新建文字样式"样式－30"，并设置字体为"gbeitc"和倾斜角度为－30，如图 11.24 所示。然后点击"应用"、"关闭"即可。

图 11.24　建立文字样式

（2）调整尺寸界线与尺寸线的夹角　尺寸界线与尺寸线均倾斜，需要通过倾斜命令 DIMEDIT 来完成，当尺寸界线结果与 X 轴平行时，倾斜角度为 30°；当尺寸界线结果与 Y 轴平行时，倾斜角度为－30°；当尺寸界线结果与 Z 轴平行时，倾斜角度为 90°。

操作方法是打开"标注"下拉菜单选择"倾斜"命令选项，即可将选中的尺寸倾斜需要的角度，根据轴测图方向进行尺寸角度，倾斜即可得到需要的结果。如图 11.25 所示。

命令：DIMEDIT

输入标注编辑类型［默认（H）/新建（N）/旋转（R）/倾斜（O）］＜默认＞：O

选择对象：找到 1 个

选择对象：

输入倾斜角度（按 ENTER 表示无）：30

（3）等轴测图尺寸标注示例

① 按前述方法使用"STYLE"功能命令建立新的文字样式"样式 30"、"样式－30"。参见前图 11.24。

② 先使用"对齐标注"命令进行轴测图尺寸标注。在"尺寸标注"工具栏中的单击

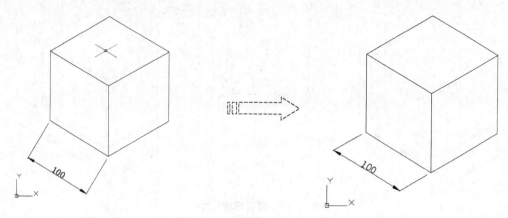

图 11.25　调整标注尺寸夹角

"对齐标注"按钮，对图形进行对齐标注操作，此时不必选择什么文字样式，如图 11.26 所示。

命令：DIMALIGNED

指定第一个尺寸界线原点或＜选择对象＞：

指定第二条尺寸界线原点：

指定尺寸线位置或［多行文字（M）/文字（T）/角度（A）］：

标注文字＝100

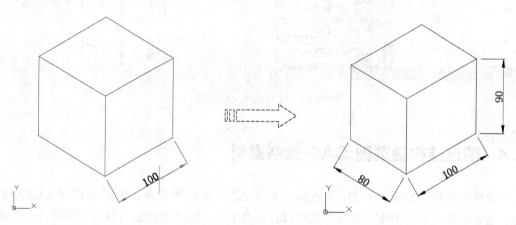

图 11.26　对齐标注

③ 然后倾斜尺寸。打开"标注"下拉菜单选择"倾斜"命令选项，即可将选中的尺寸倾斜需要的角度，分别将尺寸为 90 的倾 30°，将尺寸为 80 的倾斜 90°，将尺寸为 100 的倾斜 −30°，即可得到如图 11.27 所示的结果。

命令：DIMEDIT

输入标注编辑类型［默认（H）/新建（N）/旋转（R）/倾斜（O）］＜默认＞：O

选择对象：找到 1 个

选择对象：

输入倾斜角度（按 ENTER 表示无）：90

④ 然后修改标注文字样式。将尺寸分别为 90、80 和 100 的标注样式中的"文字样式"修改为"样式−30"，即可完成规范的等轴测图的尺寸标注，如图 11.28 所示。

图 11.27　倾斜标注尺寸

图 11.28　修改标注文字样式

11.4　建筑结构轴测图 CAD 绘制案例

本节轴测图绘制案例以图 11.29 所示的某常见零件轴测图为例，讲解其 CAD 快速绘制方法。建筑结构的轴测图绘制方法与此类似，掌握了其中的绘制方法与技巧，即可进行建筑结构有关轴测图绘制。

（1）激活为等轴测图绘图状态，然后按"F5"键切换至＜等轴测平面 俯视＞。

▷ **操作方法：** 选择"工具"下拉菜单中"绘图设置"菜单命令，打开"草图设置"对话框，在"捕捉和栅格"选项卡中选择"等轴测捕捉"单选项，然后单击"确定"按钮即可激活。

▷ **操作命令：** SNAP、F5 按键等。

→ 命令：SNAP

指定捕捉间距或［开(ON)/关(OFF)/纵横向间距(A)/样式(S)/类型(T)］＜11.0000＞：S

输入捕捉栅格类型［标准(S)/等轴测(I)］＜S＞：I

指定垂直间距＜11.0000＞：1

(a) 平面视图 (b) 轴测图

图 11.29 某常见零件轴测图

→ 命令：＜等轴测平面 俯视＞

▶ **操作示意**： 图 11.30

图 11.30 切换至＜等轴测平面 俯视＞

（2）进行零件轴测图底部矩形轮廓绘制。

▶ **操作方法**： 按 F8 键切换到"正交"模式，然后执行"直线"命令（LINE），绘制 80mm×50mm 的矩形对象。按 F5 键切换至＜等轴测平面 右视＞、＜等轴测平面 左视＞配合绘制。

▶ **操作命令**： LINE 等。

命令：LINE
指定第一点：
指定下一点或［放弃（U）］：80
指定下一点或［放弃（U）］：50
指定下一点或［闭合（C）/放弃（U）］：80
指定下一点或［闭合（C）/放弃（U）］：C

▶ **操作示意**： 图 11.31。

（3）执行"复制"命令进行复制。

▶ **操作方法**： 按 F5 键切换至＜等轴测平面 右视＞，将绘制的对象垂直向上复制，复制的距离为 10mm。

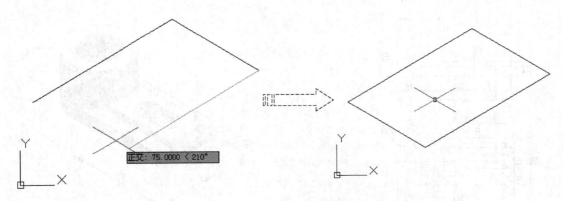

图 11.31　绘制底部矩形轮廓

▷ **操作命令**：COPY 等。

→ 命令：＜等轴测平面　右视＞

→ 命令：COPY

选择对象：找到 1 个

选择对象：指定对角点：找到 2 个，总计 3 个

选择对象：找到 1 个，总计 4 个

选择对象：

当前设置：复制模式＝多个

指定基点或 [位移（D)/模式（O)]＜位移＞：

指定第二个点或 [阵列（A)]＜使用第一个点作为位移＞：10

指定第二个点或 [阵列（A)/退出（E)/放弃（U)]＜退出＞：

▷ **操作示意**：图 11.32。

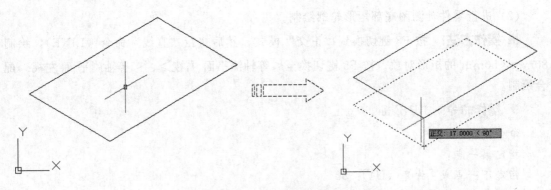

图 11.32　复制矩形

（4）对上下图形轮廓进行连接。

▷ **操作方法**：执行"直线"命令来连接直线段，从而绘制长方体对象。

▷ **操作命令**：LINE 等。

命令：LINE

指定第一点：

指定下一点或 [放弃（U)]：

指定下一点或［放弃（U）］：（回车）

▷ **操作示意**：图 11.33。

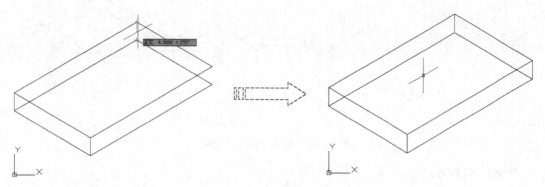

图 11.33　对上下图形轮廓进行连接

（5）绘制小长方体轮廓。

▷ **操作方法**：按 F5 键切换至＜等轴测平面 俯视＞，然后按前述大长方体同样的方法，绘制 30mm×80mm×5mm 的小长方体对象。

▷ **操作命令**：LINE、COPY 等。

→ 命令：＜等轴测平面 俯视＞

→ 命令：LINE

指定第一点：

指定下一点或［放弃（U）］：80

指定下一点或［放弃（U）］：30

指定下一点或［闭合（C）/放弃（U）］：80

指定下一点或［闭合（C）/放弃（U）］：C

→ 命令：COPY

选择对象：找到 1 个

选择对象：指定对角点：找到 2 个，总计 3 个

选择对象：找到 1 个，总计 4 个

选择对象：

当前设置：复制模式＝多个

指定基点或［位移（D）/模式（O）］＜位移＞：

指定第二个点或［阵列（A）］＜使用第一个点作为位移＞：5

指定第二个点或［阵列（A）/退出（E）/放弃（U）］＜退出＞：

▷ **操作示意**：图 11.34。

（6）执行"移动"命令，将绘制的小方长体移至大长方体相应的中点位置。

▷ **操作方法**：按 F3 按键启动捕捉功能，选择小长方体的端部底边轮廓线中心点作为移动基点，然后选择大长方体端部顶边轮廓线中心点作为移动第二个点。同时结合 F8 按键。

▷ **操作命令**：MOVE 等。

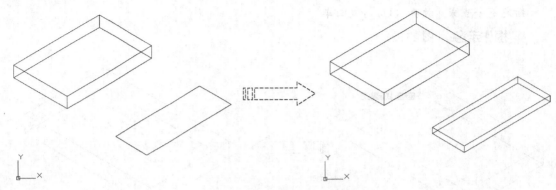

图 11.34   绘制小长方体轮廓

命令：MOVE
选择对象：找到 1 个
选择对象：指定对角点：找到 8 个，总计 11 个
选择对象：指定对角点：找到 1 个，总计 12 个
选择对象：
指定基点或 [位移（D）]＜位移＞：
指定第二个点或 ＜使用第一个点作为位移＞：＜正交 关＞

▷ **操作示意：** 图 11.35。

图 11.35   小方长体移至大长方体相应的中点位置

（7）进行长方体线条修剪及删除。

▷ **操作方法：** 根据效果执行"修剪"命令，将多余的线段进行修剪。

▷ **操作命令：** TRIM、ERASE 等。

命令：TRIM
当前设置：投影＝UCS，边＝无
选择剪切边…
选择对象或 ＜全部选择＞： 找到 1 个
选择对象：找到 1 个，总计 2 个
选择对象：
选择要修剪的对象，或按住 Shift 键选择要延伸的对象，或 [栏选（F）/窗交（C）/投影
（P）/边（E）/删除（R）/放弃（U）]：指定对角点：
    选择要修剪的对象，或按住 Shift 键选择要延伸的对象，或 [栏选（F）/窗交（C）/投影

（P)/边（E)/删除（R)/放弃（U)]:

▷ **操作示意**：图 11.36。

图 11.36　进行长方体线条修剪及删除

（8）结合捕捉功能绘制辅助线。

▷ **操作方法**：按 F5 键切换至＜等轴测平面 俯视＞，执行"直线"命令，过相应中点绘制辅助中心线，再执行"复制"命令，将指定直线段水平向右复制 10mm 和 15mm。可以将其复制的直线段线型转换为点划线线型作为"中心线"对象。

▷ **操作命令**：LINE、COPY 等。

命令：COPY

选择对象：找到 1 个

选择对象：

当前设置：复制模式＝多个

指定基点或［位移（D)/模式（O)]＜位移＞:

指定第二个点或［阵列（A)]＜使用第一个点作为位移＞: 111.5

指定第二个点或［阵列（A)/退出（E)/放弃（U)]＜退出＞: 311.5

指定第二个点或［阵列（A)/退出（E)/放弃（U)]＜退出＞:

▷ **操作示意**：图 11.37。

图 11.37　绘制辅助线

（9）绘制轴测图中的两个小圆形。

▷ **操作方法**：执行"椭圆"命令，根据命令行提示选择"等轴测圆（I)"选项，分别指定中心线的交点作为圆心点，以及输入圆的半径值为 11.5mm；再执行直线等命令，连接相应的交点。

▷ **操作命令**：ELLIPSE、LINE 等。

命令：ELLIPSE

指定椭圆轴的端点或［圆弧（A）/中心点（C）/等轴测圆（I）］：I

指定等轴测圆的圆心：

指定等轴测圆的半径或［直径（D）］：11.5

▷ **操作示意**：图 11.38。

图 11.38 绘制轴测图中的两个小圆形

（10）对小圆形进行剪切。

▷ **操作方法**：通过修剪操作，形成长椭圆效果。

▷ **操作命令**：TRIM 等。

▷ **操作示意**：图 11.39。

图 11.39 对小圆形进行剪切

（11）对长椭圆进行复制。

▷ **操作方法**：按 F5 键转换至＜等轴测平面 右视＞，将该长椭圆效果垂直向下复制，复制的距离为 5mm。

▷ **操作命令**：COPY 等。

命令：COPY

选择对象：找到 1 个

选择对象：找到 1 个，总计 2 个

选择对象：找到 1 个，总计 3 个

选择对象：找到 1 个，总计 4 个

选择对象：

当前设置：复制模式＝多个

指定基点或 [位移 (D)/模式 (O)] ＜位移＞：

指定第二个点或 [阵列 (A)] ＜使用第一个点作为位移＞：5

指定第二个点或 [阵列 (A)/退出 (E)/放弃 (U)] ＜退出＞：

▷ **操作示意：** 图 11.40。

图 11.40　对长椭圆进行复制

（12）对复制的长椭圆进行修剪。

▷ **操作方法：** 执行修剪、删除等命令，将多余的对象进行修剪、删除，从而形成键槽效果。

▷ **操作命令：** TRIM、ERASE 等。

▷ **操作示意：** 图 11.41。

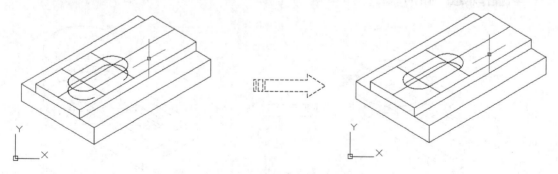

图 11.41　对复制的长椭圆进行修剪

（13）绘制零件轴测图中的大圆形轮廓。

▷ **操作方法：** 按 F5 键切换至 ＜等轴测平面 俯视＞，先复制底边轮廓线作为辅助线。执行"椭圆"命令，根据命令行提示选择"等轴测圆 (I)"选项，分别指定中心线的交点作为圆心点，以及输入圆的半径值为 25mm。

▷ **操作命令：** COPY、ELLIPSE 等。

图 11.42 绘制大圆形轮廓

▷ **操作示意**：图 11.42。

（14）对大圆形进行复制。

▷ **操作方法**：再执行复制命令，按 F5 键转换至＜等轴测平面 右视＞，将该等轴测圆对象垂直向上复制，复制的距离分别为 10mm、15mm 和 40mm。

▷ **操作命令**：COPY 等。

命令：COPY
选择对象：找到 1 个
选择对象：
当前设置： 复制模式＝多个
指定基点或［位移（D)/模式（O)］＜位移＞：
指定第二个点或［阵列（A)］＜使用第一个点作为位移＞：10
指定第二个点或［阵列（A)/退出（E)/放弃（U)］＜退出＞：＜正交 开＞15
指定第二个点或［阵列（A)/退出（E)/放弃（U)］＜退出＞：40
指定第二个点或［阵列（A)/退出（E)/放弃（U)］＜退出＞：

▷ **操作示意**：图 11.43。

图 11.43 对大圆形进行复制

（15）连接复制得到的各个大圆形轮廓线。

▷ **操作方法**：捕捉象限点进行绘制。

▷ **操作命令**：LINE 等。

图 11.44　连接各个大圆形轮廓线

▷ **操作示意**：图 11.44。

（16）对复制得到的各个大圆形轮廓线进行修剪。

▷ **操作方法**：执行"修剪"命令，将多余的圆弧和直线段进行修剪，并删除多余线条。注意中间两个大圆形要连接部分短轮廓线。

▷ **操作命令**：TRIM、ERASE、LINE 等。

▷ **操作示意**：图 11.45。

图 11.45　修剪大圆形轮廓线

（17）继续进行修剪，直至完成。

▷ **操作方法**：注意各个轮廓线关系。

▷ **操作命令**：TRIM、LINE 等。

▷ **操作示意**：图 11.46。

（18）在轴测图中创建大圆形中间的中圆形轮廓。

▷ **操作方法**：按 F5 键转换至＜等轴测平面 俯视＞。执行"椭圆"命令，根据命令行提示选择"等轴测圆（I）"选项，捕捉指定大圆形的圆心位置作为圆心点，以及输入圆的半径值为 15mm。

▷ **操作命令**：ELLIPS 等。

图 11.46　继续进行修剪

命令：ELLIPSE

指定椭圆轴的端点或 ［圆弧 （A)/中心点 （C)/等轴测圆 （I)］：I

指定等轴测圆的圆心：

指定等轴测圆的半径或 ［直径 （D)］：15

▶ **操作示意**：图 11.47。

图 11.47　创建大圆形中间的中圆形轮廓

（19）完成零件的轴测图绘制。

▶ **操作方法**：及时保存图形。

▶ **操作命令**：ZOOM、SAVE 等。

▶ **操作示意**：图 11.48。

（20）进行零件轴测图尺寸及文字标注。

▶ **操作方法**：轴测图的尺寸、文字标注方法参见前面小节所述，限于篇幅，具体标注操作过程在此从略。其他轴测图绘制方法类似，按前述方法练习绘制图其他零件轴测图。

▶ **操作命令**：DIMALIGNED、DIMEDIT、MTEXT、PLINE 等。

→ 命令：DIMALIGNED

指定第一个尺寸界线原点或 ＜选择对象＞：

指定第二条尺寸界线原点：

创建了无关联的标注。

图 11.48　完成零件的轴测图绘制

指定尺寸线位置或

［多行文字（M)/文字（T)/角度（A)]：

标注文字＝50

→ 命令：DIMEDIT

输入标注编辑类型［默认（H)/新建（N)/旋转（R)/倾斜（O)]＜默认＞：O

选择对象：找到 1 个

选择对象：

输入倾斜角度（按 ENTER 表示无)：90

▶ **操作示意：** 图 11.49。

图 11.49　零件轴测图尺寸及文字标注

第章

建筑结构CAD图打印
及转换输出

建筑结构设计各种 CAD 图形绘制完成后，需要打印输出，即打印成图纸供使用。此外，CAD 图形还可以输出为其他格式的数据文件（如 PDF 格式文件、JPG 和 BMP 格式图像文件等），供 WORD 文档使用，方便设计方案编制，实现 CAD 图形与 WORD 文档互通共享。

12.1 建筑结构 CAD 图纸打印

建筑结构 CAD 图纸打印是指利用打印机或绘图仪，将图形打印到图纸上。

12.1.1 建筑结构 CAD 图形打印设置

CAD 图形打印设置，通过"打印-模型"或"打印-布局＊＊"对话框进行。启动该对话框有如下几种方法。

图 12.1 使用快捷菜单打印

■ 打开"文件"下拉菜单，选择"打印"命令选项。

■ 在"标准"工具栏上单击"打印"命令图标 ⊖。

■ 在"命令:"命令行提示下直接输入 PLOT 命令。

■ 使用命令按键，即同时按下"Ctrl"和"P"按钮键。

■ 使用快捷菜单命令，即在"模型"选项卡或"布局"选项卡上单击鼠标右键，在弹出的菜单中然后单击"打印"。如图 12.1 所示。

执行上述操作后，AutoCAD 将弹出"打印-模型"或"打印-布局＊＊"对话框，如图 12.2 所示。若单击对话框右下角的"更多选项"按钮，可以在"打印"对话框中显示更多选项，如图 12.3 所示。

打印对话框各个选项单功能含义和设置方法如下所述。

（1）页面设置

"页面设置"对话框的标题显示了当前布局的名称。列出图形中已命名或已保存的页面设置；可以将图形中保存的命名页面设置作为当前页面设置，也可以在"打印"对话框中单击"添加"，基于当前设置创建一个新的命名页面设置。

若使用与前一次打印方法相同（包括打印机名称、图幅大小、比例等），可以选择"上一次打印"或选择"输入"在文件夹中选择保存的图形页面设置，如图 12.4 所示，也可以

图 12.2　打印对话框

图 12.3　打印对话框全图

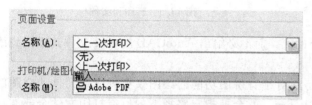

图 12.4　选择"上一次打印"

添加新的页面设置，如图 12.5 所示。

（2）打印机/绘图仪

在 AutoCAD 中，非系统设备称为绘图仪，Windows 系统设备称为打印机。

该选项是指定打印布局时使用已配置的打印设备。如果选定绘图仪不支持布局中选定的图纸尺寸，将显示警告，用户可以选择绘图仪的默认图纸尺寸或自定义图纸尺寸。打开下拉列表，其中列出可用的 PC3 文件或系统打印机，可以从中进行选择，以打印当前布局。设备名称前面的图标识别其为 PC3 文件还是系统打印机。如图 12.6 所示。PC3 文件是指 AutoCAD 将有关介质和打印设备的信息存储在配置的打印文件（PC3）中的文件类型。

图 12.5　添加新的页面设置

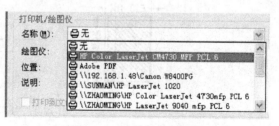

图 12.6　选择打印机类型

右侧"特性"按钮，是显示绘图仪配置编辑器（PC3 编辑器），从中可以查看或修改当前绘图仪的配置、端口、设备和介质设置，如图 12.7 所示。如果使用"绘图仪配置编辑器"更改 PC3 文件，将显示"修改打印机配置文件"对话框。

（3）打印到文件

打印输出到文件而不是绘图仪或打印机。打印文件的默认位置是在"选项"对话框→"打印和发布"选项卡→"打印到文件操作的默认位置"中指定的。如果"打印到文件"选项已打开，单击"打印"对话框中的"确定"将显示"打印到文件"对话框（标准文件浏览对话框），文件类型为"*.plt"格式文件，如图 12.8 所示。"*.plt"格式文件有如下优点。

① 可以在没有装 AutoCAD 软件的电脑打印 AutoCAD 文件。

② 可以用本机没有而别的电脑有的打印机来实现打印，只要本机上安装一个并不存在的虚拟打印机来打印就可以了。

图 12.7　打印机特性对话框　　　　　　　　图 12.8　打印到文件

③ 将 AutoCAD 打印文件发给需要的人，而不必给出 AutoCAD 的 dwg 文件，以达到给了图纸而保密 dwg 文件的目的。

④ 便于打印文件时的大量打印，特别对于有拼图功能的绘图仪更可以达到自动拼图的目的，在打印时输入：copy 路径 \ * . plt prn，就会把指定路径下的所有打印文件全部在目标打印机上打印出来。

（4）局部预览

在对话框约中间位置，局部预览是精确显示相对于图纸尺寸和可打印区域的有效打印区域，提示显示图纸尺寸和可打印区域，如图 12.9 左侧图所示。若图形比例大，打印边界超出图纸范围，局部预览将显示红线，如图 12.9 右侧图所示。

图 12.9　局部预览功能

（5）图纸尺寸

显示所选打印设备可用的标准图纸尺寸，如图 12.10 所示。如果未选择绘图仪，将显示全部标准图纸尺寸的列表以供选择。如果所选绘图仪不支持布局中选定的图纸尺寸，将显示警告，用户可以选择绘图仪的默认图纸尺寸或自定义图纸尺寸。页面的实际可打印区域（取决于所选打印设备和图纸尺寸）在布局中由虚线表示；如果打印的是光栅图像（如 BMP 或 TIFF 文件），打印区域大小的指定将以像素为单位而不是英寸或毫米。

（6）打印区域

指定要打印的图形部分。在"打印范围"下，可以选择要打印的图形区域。

a. 布局/图形界限　打印布局时，将打印指定图纸尺寸的可打印区域内的所有内容，其原点从布局中的 0，0 点计算得出。从"模型"选项卡打印时，将打印栅格界限定义的整个图形区域。如果当前视口不显示平面视图，该选项与"范围"选项效果相同。

b. 范围　打印包含对象的图形的部分当前空间。当前空间内的所有几何图形都将被打

图 12.10 选择打印图纸尺寸

印。打印之前，可能会重新生成图形以重新计算范围。

c. 显示 打印选定的"模型"选项卡当前视口中的视图或布局中的当前图纸空间视图。

d. 视图 打印先前通过 VIEW 命令保存的视图。可以从列表中选择命名视图。如果图形中没有已保存的视图，此选项不可用。选中"视图"选项后，将显示"视图"列表，列出当前图形中保存的命名视图。可以从此列表中选择视图进行打印。

e. 窗口 打印指定的图形部分。如果选择"窗口"，"窗口"按钮将称为可用按钮。单击"窗口"按钮以使用定点设备指定要打印区域的两个角点，或输入坐标值。这种方式最为常用，如图 12.11 所示。

图 12.11 窗口选择打印范围

（7）打印份数

指定要打印的份数，从 1 份至多份，份数无限制。若是打印到文件时，此选项不可用。

（8）打印比例

根据需要，对图形打印比例进行设置。一般地，在绘图时图形是以毫米（mm）为单位，按 1∶1 绘制的，即设计大的图形长 1m（1000mm），绘制时绘制 1000mm。因此，打印是可以使用任何需要的比例进行打印，包括按布满图纸范围打印、自行定义打印比例大小。如图 12.12 所示。

（9）打印偏移

根据"指定打印偏移时相对于"选项（"选项"对话框，"打印和发布"选项卡）中的设

(a) 按布满图纸范围打印　　　　(b) 自行定义打印比例大小

图 12.12　打印比例设置

置，指定打印区域相对于可打印区域左下角或图纸边界的偏移。"打印"对话框的"打印偏移"区域显示了包含在括号中的指定打印偏移选项。图纸的可打印区域由所选输出设备决定，在布局中以虚线表示。修改为其他输出设备时，可能会修改可打印区域。

通过在"X 偏移"和"Y 偏移"框中输入正值或负值，可以偏移图纸上的几何图形。图纸中的绘图仪单位为英寸或毫米。如图 12.13 所示。

图 12.13　打印偏移方式

a. 居中打印　自动计算 X 偏移和 Y 偏移值，在图纸上居中打印。当"打印区域"设置为"布局"时，此选项不可用。

b. X　相对于"打印偏移定义"选项中的设置，指定 X 方向上的打印原点。

c. Y　相对于"打印偏移定义"选项中的设置，指定 Y 方向上的打印原点。

（10）预览

点击对话框左下角的"预览"按钮，系统将在图纸上以打印的方式显示图形打印预览效果。如图 12.14 所示。要退出打印预览并返回"打印"对话框，请按 ESC 键，然后按 EN-TER 键，或单击鼠标右键，然后单击快捷菜单上的"退出"。

图 12.14　打印效果（预览）

（11）其他选项简述

在其他选项中，最为常用的是"打印样式表（笔指定）"和"图形方向"。

图 12.15 打印样式表

a. 打印样式表 打印样式表（笔指定）即设置、编辑打印样式表，或者创建新的打印样式表，如图 12.15 所示。

名称（无标签）一栏显示指定给当前"模型"选项卡或"布局"选项卡的打印样式表，并提供当前可用的打印样式表的列表。如果选择"新建"，将显示"添加打印样式表"向导，可用来创建新的打印样式表。显示的向导取决于当前图形是处于颜色相关模式还是处于命名模式。一般地，要打印为黑白颜色的图纸，选择其中的"monochrome.ctb"即可；要按图面显示的颜色为打印颜色，选择"无"即可。

编辑按钮显示打印样式表编辑器，从中可以查看或修改当前指定的打印样式表中的打印样式。

b. 图形方向 图形方向是为支持纵向或横向的绘图仪指定图形在图纸上的打印方向，图纸图标代表所选图纸的介质方向，字母图标代表图形在图纸上的方向。如图 12.16 所示。

图 12.16 图形方向选择

纵向放置并打印图形，使图纸的短边位于图形页面的顶部；横向放置并打印图形，使图纸的长边位于图形页面的顶部。如图 12.17 所示。

(a) 纵向放置　　　　　　　　　　(b) 横向放置

图 12.17 图形方向打印效果

297

12.1.2　建筑结构 CAD 图形打印

建筑结构 CAD 图形绘制完成后，按下面方法即可通过打印机将图形打印到图纸上。

（1）先打开图形文件。

（2）启动打印功能命令，可以通过如下方式启动：

a. 依次单击文件（F）下拉菜单，选择打印（P）命令选项；

图 12.18　选择打印机

b. 点击标准工具栏上的打印图标 🖨 ；

c. 在命令提示下，输入 plot。

（3）在"打印"对话框的"打印机/绘图仪"下，从"名称"列表中选择一种绘图仪。如图 12.18 所示。

（4）在"图纸尺寸"下，从"图纸尺寸"框中选择图纸尺寸。并在"打印份数"下，输入要打印的份数，具体设置操作参见前一节所述。

（5）在"打印区域"下，指定图形中要打印的部分。设置打印位置（包括向 X、Y 轴方向偏移数值或居中打印）。同时注意在"打印比例"下，从"比例"框中选择缩放比例。具体设置操作参见前一节所述。

（6）有关其他选项的信息，请单击"其他选项"按钮 ⊙ 。注意打印戳记只在打印时出现，不与图形一起保存。

a.（可选）在"打印样式表（笔指定）"下，从"名称"框中选择打印样式表。

b.（可选）在"着色视口"选项和"打印"选项下，选择适当的设置。

（7）在"图形方向"下，选择一种方向，具体设置操作参见前一节所述。

（8）点击"预览"进行预览打印效果，如图 12.19（a）所示，然后单击右键，在弹出的快捷菜单中选择"打印"或"退出"，如图 12.19（b）所示。

(a) 打印效果预览

(b) 快捷菜单打印

图 12.19　打印预览

12.2　输出其他格式图形数据文件

12.2.1　输出为 PDF 格式图形数据文件

PDF 格式数据文件是指 Adobe 便携文档格式（PDF）。它是进行电子信息交换的标准，可以轻松分发 PDF 文件，以在 Adobe Reader 软件（注：Adobe Reader 软件可从 Adobe 网站免费下载获取）中查看和打印。同时使用 PDF 文件，不需安装 AutoCAD 软件，可以与任何人共享图形数据信息，浏览图形数据文件。

输出图形数据 PDF 格式文件方法如下。

（1）在命令提示下，输入 plot 启动打印功能。

（2）在"打印"对话框的"打印机/绘图仪"下的"名称"框中，从"名称"列表中选择"DWG to PDF.pc3"配置。可以通过指定分辨率来自定义 PDF 输出。在绘图仪配置编辑器中的"自定义特性"对话框中，可以指定矢量和光栅图像的分辨率，分辨率的范围从 150dpi 到 4800dpi（最大分辨率）。如图 12.20 所示。

图 12.20　选择 DWG to PDF.pc3 或 Adobe PDF

（3）也可以选择"Adobe PDF"进行打印输出为 PDF 图形文件，操作方法类似"DWG to PDF.pc3"方式（注：使用此种方法需要安装软件 Adobe Acrobat）。

（4）根据需要为 PDF 文件选择打印设置，包括图纸尺寸、比例等，具体参见前一节所述。然后单击"确定"。

（5）打印区域通过"窗口"选择图形输出范围。如图 12.21 所示。

图 12.21　窗口选择图形打印输出 PDF 范围

（6）在"浏览打印文件"对话框中，选择一个位置并输入 PDF 文件的文件名。如图 12.22 所示。最后单击"保存"。即可得到 *.PDF 为后缀的 PDF 格式的图形文件。

图 12.22　输出 PDF 图形文件

12.2.2　输出为 JPG/BMP 格式图形数据文件

AutoCAD 可以将图形以非系统光栅驱动程序支持若干光栅文件格式（包括 Windows BMP、CALS、TIFF、PNG、TGA、PCX 和 JPEG）输出，其中最为常用的是 BMP 和 JPG 格式光栅文件。创建光栅文件需确保已为光栅文件输出配置了绘图仪驱动程序，即在打印机/绘图仪一栏内显示相应的名称（如 PublishToWeb JPG.pc3），如图 12.23 所示。

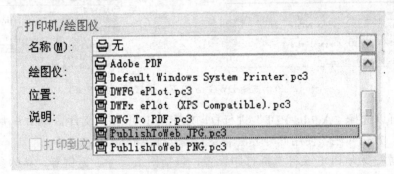

图 12.23　JPG 打印设备

（1）输出 JPG 格式光栅文件方法如下。

a. 在命令提示下，输入 plot 启动打印功能。

b. 在"打印"对话框的"打印机/绘图仪"下，在"名称"框中，从列表中选择光栅格式配置绘图仪为"PublishToweb JPG.pc3"。如图 12.23 所示。

c. 根据需要为光栅文件选择打印设置，包括图纸尺寸、比例等，具体设置操作参见前一节所述。然后单击"确定"。系统可能会弹出"绘图仪配置不支持当前布局的图纸尺寸"之类的提示，此时可以选择其中任一个进行打印。例如选择"使用自定义图纸尺寸并将其添加到绘图仪配置"，然后可以在图纸尺寸列表中选择合适的尺寸。如图 12.24 所示。

d. 打印区域通过"窗口"选择出 JPG 格式文件的图形范围，如图 12.25 所示。

e. 在"浏览打印文件"对话框中，选择一个位置并输入光栅文件的文件名。然后单击"保存"。如图 12.26 所示。

（2）输出 BMP 格式光栅文件的方法如下。

a. 打开文件下拉菜单，选择"输出"命令选项。如图 12.27 所示。

b. 在"输出数据"对话框中，选择一个位置并输入光栅文件的文件名，然后在文件类型中选择"位图（*.bmp）"，接着单击"保存"。如图 12.28 所示。

图 12.24　自定义图纸尺寸

图 12.25　选择出 JPG 格式文件的图形范围

图 12.26　输出 JPG 格式图形文件

c. 然后返回图形窗口，选择输出为 BMP 格式数据文件的图形范围，最后按回车即可。如图 12.29 所示。

命令：EXPORT

选择对象或 ＜全部对象和视口＞：指定对角点：找到 1 个

选择对象或 ＜全部对象和视口＞：

图 12.27　选择输出

图 12.28　选择 BMP 格式类型

图 12.29　选择输出图形范围得到 BMP 文件

12.3　建筑结构 CAD 图形应用到 Word 文档方法

本节介绍如何将建筑结构 CAD 图形应用到 Word 文档中，轻松实现 CAD 图形的文档应用功能。

12.3.1　使用"Prt sc"按键复制应用到 Word 中

（1）CAD 绘制图形完成后，使用 ZOOM 功能命令将要使用的图形范围放大至充满整个屏幕区域。如图 12.30 所示。

命令：ZOOM

指定窗口的角点，输入比例因子（nX 或 nXP），或者

[全部（A）/中心（C）/动态（D）/范围（E）/上一个（P）/比例（S）/窗口（W）/对象（O）]＜实时＞：W（或输入 E）

指定第一个角点：指定对角点：

图 12.30　调整图形显示范围

（2）按下键盘上的"Prt sc"按键，将当前计算机屏幕上所有显示的图形复制到 Windows 系统的剪贴板上了。然后切换到 Word 文档窗口中，单击右键，在快捷键上选择"粘贴"或按"Ctrl＋V"组合键。图形图片即可复制到 Word 文档光标位置。如图 12.31 所示。

图 12.31　粘贴图形到 Word 文档中

（3）在 Word 文档窗口中，单击图形图片，在"格式"菜单下选择图形工具的"裁剪"。如图 12.32 所示。

（4）将光标移动至图形图片处，单击光标拖动即可进行裁剪。如图 12.33 所示。

（5）移动光标至图形图片另外边或对角处，单击光标拖动即可进行裁剪。完成图形图片操作。即可使用 CAD 绘制的图形。可以在 Word 文档中将图片复制移动任意位置使用。如图 12.34 所示。

12.3.2　通过输出 PDF 格式文件应用到 Word 中

（1）按照本章前述方法将 CAD 绘制的图形输出为 PDF 格式文件，输出的图形文件保存电脑某个目录下，本案例输出的图形名称为"＊＊＊ Model（1）.pdf"，例如"节点大样图 Model（1）.pdf"。如图 12.35 所示。

（2）在电脑中找到"＊＊＊ Model（1）.pdf"文件，即"节点大样图 Model（1）.pdf"，

图 12.32　执行 Word 的"裁剪"工具

图 12.33　拖动光标进行图形图片裁剪

图 12.34　完成图形图片裁剪

单击选中，然后单击右键弹出快捷菜单，在快捷菜单上选择"复制"，将图形复制到Windows 系统剪贴板中。如图 12.36 所示。

（3）切换到 Word 文档中，在需要插入图形的地方单击右键选择快捷菜单中的"粘贴"；

图 12.35　将图形输出为 PDF 格式文件

图 12.36　将 PDF 图形文件复制到剪贴板中

或按 "Ctrl＋V" 组合键。将剪贴板上的 PDF 格式图形复制到 Word 文档中光标位置。如图 12.37 所示。

图 12.37　将 PDF 图形文件粘贴到 Word 文档中

（4）注意，插入的 PDF 图形文件大小与输出文件大小有关，需要进行调整适合 Word 文档窗口。方法是单击选中该文件，按住左键拖动光标调整其大小即可。如图 12.38 所示。

图 12.38　调整适合 Word 文档窗口

（5）此外，使用 PDF 格式文件复制，其方向需要在 CAD 输出 PDF 时调整合适方向及角度（也可以在 Acrobat　pro 软件中调整），因为其不是图片 JPG/BMP 格式，PDF 格式文件插入 Word 文档后不能裁剪和旋转，单击右键快捷菜单选择"设置对象格式"，其中"旋转"不能使用。此乃此种 CAD 图形转换应用方法的不足之处。如图 12.39 所示。

(a) 插入的PDF图形文件"设置对象格式"中旋转不能使用

(b) Acrobat pro 软件中调整图形方向

(c) PDF文件插入Word文档的图形方向

图 12.39　关于 PDF 格式文件的方向及裁剪

12.3.3　通过输出 JPG/BMP 格式文件应用到 Word 中

（1）按照本章前述方法将 CAD 绘制的图形输出为 JPG 格式图片文件，输出的图形图片文件保存电脑某个目录下，本案例输出的图形名称类似"＊＊＊.JPG"，例如"节点大样图.jpg"。如图 12.40 所示。

图 12.40　输出 JPG 格式图形图片文件

（2）在电脑中找到"＊＊＊.jpg"文件，即"节点大样图.jpg"，单击选中，然后单击右键弹出快捷菜单，在快捷菜单上选择"复制"，将图形复制到 Windows 系统剪贴板中。如图 12.41 所示。

图 12.41　复制 JPG 图形图片文件

（3）切换到 Word 文档中，在需要插入图形的地方单击右键选择快捷菜单中的"粘贴"；或按"Ctrl＋V"组合键。将剪贴板上的 JPG 格式图形图片复制到 Word 文档中光标位置。插入的图片比较大，需要调整图纸大小适合 Word 窗口使用。如图 12.42。

（4）利用 Word 文档中的图形工具的"裁剪"进行调整，或利用设置对象格式进行拉伸调整，使其符合使用要求。如图 12.43 所示。BMP 格式的图形图片文件应用方法与此相同。限于篇幅，BMP 格式图片的具体操作过程在此从略。

图 12.42　粘贴图形图片文件到 Word 文档中

图 12.43　调整 JPG 图片大小